中国华电
CHD

中国华电集团有限公司本质安全型企业建设重点示范项目
华电内蒙古公司鼎力支持全区域推广
提供电力安全管理"最后一公里"的解决方案
扫描书中二维码可观看典型岗位开展"安全双述"视频

发电企业
安全双述

华电内蒙古能源有限公司土默特发电分公司　编著

中国电力出版社
CHINA ELECTRIC POWER PRESS

内 容 提 要

发电企业"安全双述"是指对发电企业岗位安全职责进行叙述和对作业危险点及防范措施进行"岗位描述",要求作业人员在明确个人岗位安全职责的前提下,对危险作业步骤、要求、环境因素等进行综合分析,找到风险点及防范措施,再结合心想、眼看、手指、口述等一系列标准化要求与动作完成"手指口述"安全确认法,检查作业现场防范措施到位,形成风险识别、安全确认和安全操作的闭环流程,进一步培养员工岗位安全操作习惯,规范操作者行为,从根本上提高员工的安全意识,提高作业人员的危险辨识能力,杜绝操作失误,有效避免事故发生。

本书根据发电企业本身特质,对各工种岗位的安全职责加以提炼,对各类危险作业存在的安全风险和防范措施进行了研究和总结,并建立了"安全双述"数据库,可为不同岗位设置的发电企业开展"安全双述"活动提供灵活的组合方案。书中还设置了二维码,便于读者扫码观看典型岗位开展"安全双述"的实践视频。

本书可供发电企业各岗位工作人员使用,也可帮助简单危险作业人群和外委施工作业项目人员自主辨识危险点,具体落实"不安全不工作"安全方法,确保作业现场工作安全。

图书在版编目(CIP)数据

发电企业安全双述 / 华电内蒙古能源有限公司土默特发电分公司编著 . — 北京:中国电力出版社,2018.6 (2019.10 重印)

ISBN 978-7-5198-1684-1

Ⅰ.①发… Ⅱ.①华… Ⅲ.①发电厂—安全管理 Ⅳ.① TM621

中国版本图书馆 CIP 数据核字 (2018) 第 110628 号

出版发行:中国电力出版社
地　　址:北京市东城区北京站西街 19 号 (邮政编码 100005)
网　　址:http://www.cepp.sgcc.com.cn
责任编辑:刘汝青 (010-63412382)
责任校对:马　宁
装帧设计:张俊霞　永诚天地
责任印制:蔺义舟

印　刷:三河市万龙印刷有限公司
版　次:2018 年 6 月第一版
印　次:2019 年 10 月北京第二次印刷
开　本:787 毫米 ×1092 毫米　16 开本
印　张:11.25
字　数:210 千字
印　数:3001—4000 册
定　价:58.00 元

随着我国经济的增长、社会的发展，国家和人民对安全和环境保护的重视程度越来越高。习总书记指出："人命关天，发展决不能以牺牲人的生命为代价，这必须作为一条不可逾越的红线。"这条红线，不仅是一条护佑人民安全的生命线、一条决定企业命运的生死线、一条绝不能触碰的高压线，更是一条敬畏生命尊严的执政底线。电力生产企业在为国民经济发展作出贡献的同时，还肩负着重大的社会责任。在进行电力生产的同时，为还人民一片绿水青山，全国范围内的火电企业普遍开始了工程量巨大的环境保护改造等工程，为保证生产和施工中作业人员的安全，要求电力企业始终坚持"安全第一，预防为主，综合治理"的方针，实实在在做好安全工作。

中国华电集团有限公司始终认真贯彻落实党中央、国务院关于安全生产重要指示和精神，牢固树立安全红线意识，全面落实"企业安全生产主体责任"，致力于本质安全型企业建设。2017 年集团公司下发《电力企业作业环境本质安全管理重点要求（2017 版）》，坚持问题导向，补齐影响安全生产的"人、机、环、管"短板。本着"以人为本、关爱生命"的安全发展理念，率先从"人"的方面入手，选取优势资源，集中优秀人才，全力拓展安全管理工作思路，在"人"的重要因素中，在重点领域、危险作业人员岗位全力推进开展"安全双述"工作。本书就是在这样的背景下编写完成的。

《发电企业安全双述》根据电力生产企业本身特点，对火力发电企业各工种岗位的安全职责加以提炼，对各类危险作业存在的安全风险和防范措施进行研究总结，在操作确认的基础上增加了岗位安全责任描述、危险点辨识及防范措施，从根本上提高员工的安全意识，提高作业人员的危险辨识能力。第一章对"安全双述"的概念、起源与发展，"安全双述"在煤炭企业的发展，"安全双述"在煤炭企业与发电企业的区别，以及"安全双述"与"KYT"管理法的区别进行了介绍；第二章对发电企业安全形势及管理现状、发电企业引入"安全双述"的意义、发电企业"安全双述"开展情况，以及发电企业开展"安全双述"注意事项进行了介绍；第三章对"安全双述"具体要求与实施方法进行了讲解；第四章～第六章对火力发电企业运行、检修等典型工作内容如何开展"安全双述"活动进行了总结；第七章建立了"安全双述"数据库，可为不同岗位设置的发电企业开展"安全双述"活动提供灵活的组合方案；第八章介绍了"安全双述"数据库的使用方法，并对成员组成复杂、整体素质相对偏低的外委单位如何开展"安全双述"活动提供了实施方案。

本书在编写过程中，得到了中国华电集团有限公司、华电内蒙古能源有限公司等的大力支持，在此表示衷心的感谢！

由于编写时间仓促，限于作者水平，书中难免存在疏漏与不足之处，敬请读者批评指正。

编著者

2018.3

目 录 | CONTENTS |

第一章

什么是"安全双述"

第一节 "安全双述"的起源与发展

一、"安全双述"的相关概念

1. 安全双述

"安全双述"是指作业人员根据其自身工作岗位进行"岗位安全责任描述"和现场危险点及防范措施的描述,并与"手指口述"安全确认法结合,检查作业现场防范措施到位,形成风险识别、安全确认和安全操作的闭环流程,进一步培养职工岗位安全操作习惯,规范操作者行为,杜绝操作失误,有效避免事故发生。

2. 岗位安全责任描述

"岗位安全责任描述"是指作业人员对自身岗位、环境、设备、责任、规程及安全隐患的描述。通过岗位安全责任描述,岗位人员掌握应知应会内容,提高岗位安全系数。

3. 危险点及防范措施描述

"危险点及防范措施描述"要求作业人员在明确个人岗位安全职责的前提下,对危险作业步骤、要求、环境因素等进行综合分析,找到风险点及防范措施。

4. 手指口述

"手指口述"为现场安全确认法,通过心想、眼看、手指、口述联动的方式,完成对危险点及防范措施的安全检查,从而强化注意力,加强过程控制,确保每一步作业的正确性和安全性。"手指口述"能使岗位人员牢记安全操作过程及作业要领,形成安全意识、确认操作的闭环流程,是规范岗位人员安全生产行为、落实安全措施、确保安全生产的有效管理模式。

"手指口述"的作用主要包括以下几个方面:

①集中操作者的注意力,促使操作者精神保持高度集中;

②增强操作者的定力和稳定性,使操作者强制自己排除各种干扰;

③快速启动作业,使操作者迅速进入作业状态,并把注意力稳定在作业状态;

④强化对操作程序的记忆再现，增强作业的系统性、条理性及完整性；

⑤实现记忆的清晰化，提高操作的精确度，减少误差偏差；

⑥严密、审慎地分析当前的作业状况，及时、准确地做出思考判断，进行正确选择；

⑦有利于对关键性操作或问题、错误多发点进行提醒。

二、"安全双述"的起源

"安全双述"是基于"手指口述"安全确认法建立的，而"手指口述"安全确认法源自于日本的"零事故战役"。日本 20 世纪六七十年代正直经济飞速发展时期，但在经济发展的同时，生产现场的死亡人数也呈逐年增长趋势，在 1961 年达到最高峰，1961 年一年内生产现场死亡人数就高达 6700 多人。美国等发达国家在工业急速发展的时期也普遍出现了类似问题。为了有效遏制这种局面，日本于 1973 年起开始推行"零事故战役"。这是一场旨在解决生产现场劳动者作业安全和职业健康问题，确保工人身心健康，实现生产现场"零事故"和"零职业病"的运动。其实施的方法就是"手指口述"安全确认法。通过 40 余年的努力，日本 2003 年工作场所死亡人数减至 1628 人，这个数字的惊人改变，体现了人对该项安全措施的深刻认识，更体现出执行环节中的重视和人的认真、敬业、守规矩、持之以恒的态度。

日本的"零事故战役"由三个基本单元构成：其一是基本目标，就是"尊重人的生命"，即作为每个个体，无高低贵贱之分，其生命都是无可替代的，都不应在工作中受到伤害；其二是"零事故战役"实施的方法，主要包括危害辨识、预防和培训及手指口述法（它是一种手指目标物并出声确认的方法），参加人员包括企业的工人、管理人员等，通过对工作场所风险的预先识别和确定控制措施，达到安全和健康的预期；其三是执行环节，通过全员参与，建立积极、主动、和谐的工作环境，通过危害辨识、预防和培训等方法的日常应用，使安全预防意识深入人心，在具体工作中实施并成为人们的行为习惯，最终使企业达到安全、质量和产量的和谐统一。

三、企业推行"安全双述"管理法的意义

现如今，有的企业"生命至上，安全第一""制度至上，精准执行"的理念还没有真正深入人心，规章制度执行不严、操作行为不规范等现象仍然存在。因此，锻造一支高素

质职工队伍，是实现企业可持续发展的重中之重。

实施"安全双述"管理法，可以提高职工安全意识，规范职工安全行为，增强职工自保互保能力，提高职工危险源辨识能力，是建设一支职业道德好、业务技术精、执行能力强的高素质队伍的有效途径。

第二节　"安全双述"在煤炭企业的发展

安全是煤炭企业永恒的主题，是煤炭企业赖以生存的生命线。近年来，全国各大煤炭企业通过开展安全文化建设，加强职工安全教育，严格现场安全管理，很大程度上减少了重特大事故的发生。

我国煤炭企业高度重视安全生产，确立了"安全发展"的指导原则，并把安全生产作为构建社会主义和谐社会的重要内容。全国煤炭企业安全生产虽呈现总体稳定、趋向好转的发展态势，但形势依然严峻，事故总量依然偏大。根据国内外安全生产的研究与实践表明，安全事故发生的原因 80% 以上可归结为职工的不安全行为。为了解决"人因"问题，发挥人在劳动过程中安全生产和预防事故的作用，加强职工的安全教育培训、创新安全教育理念、全面提高煤矿职工安全生产的综合素质一直是煤炭企业非常关注的重要话题。

"手指口述"概念引入我国后，在煤炭企业安全教育培训中发挥了重要的作用。我国煤炭企业根据"手指口述"的内涵和自身实际，创造性地提出了相关概念，在运行方式上也灵活多样，有力地促进了企业安全状况的好转，不仅丰富了我国安全文化的理论内涵，更

推动了安全文化在煤炭领域的发展,大大降低了伤亡事故。"手指口述"法简单易学,实用操作性强,目前已经在煤炭行业内发展成一套非常成熟的安全管理方法。"安全双述"工作法是以煤矿岗位标准化作业为重点,按照各工种岗位精细化管理的要求,通过心想、眼看、手指、口述等一系列行为活动,对操作工序进行安全确认的方法。同时结合"手指口述"工作法,煤炭企业还积极开展"安全作业自我岗位描述"活动,旨在让职工通过"一岗双述"明确自己的岗位是什么,在岗位上做什么,明确工作岗位范围内所承担的工作职责、安全责任、具体标准、必须遵守的各项制度等。"安全双述"不仅教会职工遵从工作步骤,明确岗位职责,更教会职工熟练安全操作技能,两者相互结合,目的就是让每一名职工都成为本质安全诚信人。

"安全双述"被引入煤炭企业后,其功能在不断实践中得到了最大限度的释放和发挥。以"手指口述"为核心的"一岗双述"安全工作法,可以有效地改变传统安全教育培训中存在的问题,可以迅速提高员工的安全意识、安全知识、安全能力,可以系统有效地预防人的不安全行为所造成的安全生产事故,在煤炭行业已成为安全教育培训发展的新趋势,先后被山东淄矿、山西霍州、陕西黄陵、皖北煤电、淮北矿业、神华准能等国内多家煤业集团所采用,对于提升员工素质、改善企业安全环境起到了良好的促进作用。

第三节 发电企业"安全双述"与煤炭企业 "安全双述"的区别

发电企业"安全双述"是借鉴引用煤炭企业"一岗双述"而来的。事实证明,"安全双述"安全工作法能较好地规范广大干部职工的安全操作行为,强化安全意识,端正安全态度,明确安全目标,落实安全措施,提高学习效果,确保现场安全信息的交流,提高安全生产的保障能力,激发和调动员工自主学习的积极性,使员工能进一步明晰岗位职责,实现岗位危险源辨识、危险预知、手指口述、安全确认与岗位描述、安全环境与应急避险的有机结合,增强安全作业的可靠性,实现员工由"要我安全"向"我要安全"的转变,加快"本质安全型"职工的培养。

煤炭企业"安全双述"多指"岗位描述"及"手指口述"。而发电企业的"安全双述"是根据其自身作业形式及特点,将日常岗位安全职责描述与危险点及防范措施描述相结合,利用"手指口述"安全确认法表现出来的一种管理法。

发电企业"安全双述"中的"岗位描述"与煤炭企业"安全双述"中的"岗位描述"类似，都是一种对自我状况、安全责任、作业标准、作业环境、工艺流程、设备工具性能特点、协作配合等内容进行描述，从而逐步达到岗位作业本质安全水平的综合性训练。其不同点在于，根据发电企业与煤炭企业作业性质的不同，煤炭企业的岗位描述多针对工艺流程、岗位作业标准、安全操作要领等实际性的工作进行描述，而发电企业由于多是固定运转设备，且自动化程度较高，更重要的是培养员工的责任心，因此多注重于岗位安全职责进行描述。

煤炭企业"手指口述"的本质作用与发电企业两票中操作票的作用一脉相承，都是用来约束作业人员在设备操作过程中对重点操作环节的安全重点进行先确认后操作，杜绝"三违"、误操作导致的人身伤亡及设备损伤，实现零伤害。

发电企业"安全双述"中的另一述是"危险点及预防措施描述"，与煤炭企业"手指口述"不同的是，在规范作业人员操作流程、操作标准之外，还根据电力企业本身特质对火电企业各工种岗位的安全职责加以提炼，对各类危险作业存在的安全风险及防范措施进行研究和总结，在操作确认的基础上增加危险点辨识及防范措施的叙述，从根本上提高员工的安全意识，提高作业人员的危险辨识能力。相同点是同样采用"手指口述"的表现形式。

第四节　"安全双述"与"KYT"管理法的区别

一、什么是"KYT"

KYT 全称为危险预知活动，其中 K（Kiken）指不安全状态，Y（Yochi）指预先掌握，T（Training）指训练有素，是针对生产特点和作

业全过程，以危险因素为对象，以作业班组为团队开展的一项安全教育和训练活动。它是一种群众性的"自我管理"活动，目的是控制作业过程中的危险，预测和预防事故的发生。

KYT 起源于日本，日本的住友金属工业公司、三菱重工业公司、长崎赞造船厂等企业发起"全员参加的安全运动"，经日本中央劳动灾害防止协会的推广，形成了一种完善的技术方法。我国宝钢等钢铁企业首先引进了此项安全训练技术。

二、KYT 如何使用

企业开展 KYT 危险预知训练活动有两个层面：一个层面是班组层面，也就是微观层面，关注的是具体如何进行一场 KYT 危险预知训练与讨论；另一个层面是企业层面，也就是宏观层面，关注的是如何将 KYT 活动在企业生产现场的各个班组持续且有效地展开。

KYT 危险预知训练不是一种传统意义上的训练方式，而是一种小组会议讨论方式。讨论的内容是针对岗位和作业过程中潜在的危险因素，分析危险因素所能引起的各种不安全的现象，并讨论出对策和措施。

KYT 危险预知训练会议讨论一般分为以下四个步骤：

第一步：掌握现状，找出潜在的危险因素。针对议题（危险性作业），小组成员轮流分析，找出潜存着什么危险因素，并想象、预测或预见可能出现的后果。

第二步：确定主要危险因素。在所发现的危险因素中找出 1~3 个主要危险因素。

第三步：找出候选对策。针对主要危险因素，每人制订具体、可实施的候选对策。提出的对策必须在实践上切实可行，并且不为法规所禁止。提出的对策尽可能地多，要充分发挥创意和发散性思维。

第四步：确定要执行的对策。对于这些候选对策，经过充分讨论、统一思想，选出最优化的重点安全实施项目设定为小组行动措施。

三、"安全双述"与"KYT"管理法的具体区别

通过以上对 KYT 安全管理法的介绍可以看出，KYT 管理法实施时需要依靠集体的力量，互相启发才能达到共同提高，一定要借助团队的力量，以班组或作业小组为单元展开工作。

与"安全双述"管理法的相同之处在于同样是以危险因素为对象，通过手指口述形式展现，以此来增强员工风险辨识能力和防控手段，确认现场风险点，确保作业安全。

　　KYT 管理法主要以 4R 训练为基础，通过"虚惊事件""不安全事件分析"等具体活动手段来开展。这种管理方法其体系虽完整但实施过程极为烦琐，推广难度大并要求员工具有一定危险点辨识基础，更适用于发电企业正式用工管理。但发电企业内有很多外委短期工作人员，这类人员往往文化素质较低、流动性大，且一般工期较短，不具备开展 KYT 管理法的条件。而"安全双述"恰恰可以做到去繁从简，突出实用性，展现"定制化"模式，省去了 KYT 管理法烦琐复杂的活动开展。使用者可根据不同岗位、不同作业内容通过"字母索引法"在"安全双述"数据库进行相关内容调取，直接将岗位安全责任、岗位危险点及防范措施告知使用者，并通过手指口述的形式进行现场确认，提高作业人员的危险点辨识能力，降低劳动者作业风险，确保劳动者作业安全，提高企业安全管理水平。正因为"安全双述"简单易上手，通过简单的理解背诵及手指口述确认，就可以让作业人员熟知危险点及预防措施，所以它不仅适用于发电企业正式用工人员，也同样适用于外委短期工作人员。但"安全双述"毕竟是全新的安全管理方法，而且多针对发电企业，对企业外来作业人员在岗位危险点与防范措施方面还不是特别全面，这就需要在日后的工作中，借鉴 KYT 管理法，利用团队的力量，以班组为单位，在"安全双述"开展的同时不断发现总结新的危险点及防范措施，使"安全双述"管理法的适用面更广泛。

第二章

发电企业引入"安全双述"的意义及开展情况

第一节 发电企业安全形势及安全管理现状

一、发电企业面临的严峻安全形势

近年来，我国经济平稳发展，中央发电企业规模也日益壮大，但发电企业安全生产情况依旧不容乐观，虽然近几年的安全生产保持平稳，总体呈下降趋势，但事故总量依然很大。我们在追求企业壮大、经济发展的同时，不能以牺牲生产安全、劳动者的生命财产安全作为代价。尤其是 2016 年发生在电力行业内的特大生产安全事故，足以说明安全生产不容忽视，电力企业的生产安全更是任重而道远。

对 2017 年上半年全国电力行业发生人身伤亡责任事故的统计，人身伤亡责任事故29 起，死亡 37 人。其中电力生产人身伤亡事故 20 起，死亡 20 人，而电力建设人身伤亡事故 9 起，死亡人数却达 17 人。通过分析可知，2017 年上半年因坍塌导致死亡 9 人，触电死亡 6 人，高处坠落死亡 8 人，机械伤害原因死亡 6 人，因物体打击导致死亡 5 人，淹溺死亡 2 人，窒息死亡 1 人。

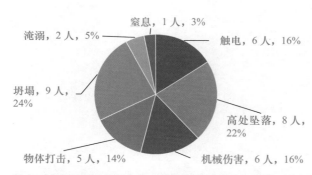

■ 触电 ■ 高处坠落 ■ 机械伤害 ■ 物体打击 ■ 坍塌 ■ 淹溺 ■ 窒息

从以上事故分析可以看出，外委施工作业人员和输煤系统，以及高处坠落和机械伤害表现得比较集中，主要原因有人员素质差、现场管理松散、作业面大、作业环境危险因素多等，主要表现为人员安全辨识能力差及防范措施落实不到位。因此，如何使素质较低的劳动人群的作业风险降到最低，如何确保这类人群的作业安全，如何提高企业对此类人群的安全管理水平，同时如何有效遏制以上所述事故的发生，就成为企业安全管理的当务之急。

经过多年的安全管理实践，针对此类高危险作业，发电企业已经形成了卓有成效的安全管理手段，就是"两票"制度和施工作业的开工许可制度（包括"三措"，甚至专项施工方案等）。之所以还出现问题，主要原因是现场执行"两票"等基础安全管理措施不到位。较大事故的发生与安全管理不到位，重点危险作业未严格执行现有的"两票"等基础安全管理制度有很大的关系。同时，安全管理创新活动均应遵从而不是摒弃已有的成熟的安全管理要求。"安全双述"作为"两票"管理制度的有力补充，可以有效地提高职工安全意识，规范职工安全行为，增强职工自保互保能力，提高职工危险源辨识能力，能够最大限度地避免以上伤亡事故的发生。

二、发电企业安全管理现状

中国发电企业在新中国成立后的长期生产实践中摸索出以"两票三制"为核心内容的一整套安全管理办法，并按照"安全第一，预防为主，综合治理"的安全方针指导电力生产工作，取得了非常好的效果。作为技术和人员均密集的电力企业，多年来安全生产持续稳定，与其在"人、机、环、管"各方面成熟的管理经验密切相关。人员管理上逐级细化的三级安全教育、安全日活动、特种作业人员专项管理、应急演练等活动确保了人员培训的有效性和层次性。设备管理上零缺陷管理，自下而上的隐患排查保证了运行机组主辅设备的健康水平。各级发电企业均制定了条目清晰、涵盖范围广的安全管理标准与制度，给出了规范要求，建立了奖惩体系，保证了电力生产各项工作的有序展开。结合各类安全检查以及装置性违章治理等活动，不断改善作业环境，消除现场隐患。特别是引进安全性评价这一安全管理方法，通过细化的各项评价标准，找到差距，提出整改要求和改进方法，全方面评价和提升了企业安全生产水平，成为行之有效的安全管控手段。在危险点辨识的基础上，精准提炼，抓住"两票"执行过程中存在的危险因素进行提前辨识并采取防范措施，固化为"两票"的危险点分析卡用于作业前的安全交底等诸多安全管理创新手段。乃至开展"三讲一落实"、KYT等安全管理创新手段对于夯实安全管理基础，提升安全管理水平均产生了积极有效的影响。

但近些年全国电力企业事故频发，究其原因，有效制度落实不到位成为"主犯"。电力企业的检查往往将安全备查材料的齐全作为重点，现场落实情况有待提高，落实效果有待考察。经过分析会发现安全性评价属于系统工程，作业现场适用性低，不利于劳动者日常作业需求，更多地表现为目标导向。危险点分析脱胎于危险点辨识，初期全员参与，成果固化后，成为一种例行工作，实际效能有逐级递减现象。部分企业开展的"三讲一落实"活动、KYT活动等安全管理手段，其体系虽然完整，但其整个流程过于烦琐，以至于出现了员工掌握困难，实际运用中走形式的情况，特别对于流动性大、素质偏低的作业人员其执行情况不容乐观，给现场安全带来极大隐患。因此，如何做到让现场作业人员在熟知自身岗位职责的前提下，了解现场主要危险因素并掌握防范要点要求就显得尤为重要。

第二节 发电企业引入"安全双述"的意义

一、"安全双述"在发电企业中的作用

"安全双述"是一种科学、合理的安全操作方法，如果能真正掌握、领会、应用，将有助于纠正职工的误判断和误操作，提高操作人员的注意力。"安全双述"管理法，可以提高职工安全意识，规范职工安全行为，增强职工自保、互保能力，是建设一支业务技术精、执行能力强的高素质职工队伍的重要途径。

事故的发生与安全管理不到位，危险作业未严格执行"两票"管理制度等安全基础管理缺失有很大关系，这就需要我们不断创新管理手段。"安全双述"管理法，可以有效提升员工安全风险辨识能力和安全履责能力。通过固化的活动方式不断强化员工安全风险意识，落实防范措施，规范员工作业行为，有效降低劳动者作业风险，确保劳动者作业安全，并形成班组安全管理长效机制，实现工作中"人、机、环、管"的和谐统一。

"手指口述"安全确认法引入我国后，已在煤矿等行业得到充分运用和发展，取得了良好运用效果。但该安全确认法在发电企业中的运用至今仍属空白，2017年中国华电集团公司率先提出在发电企业引入"手指口述"安全确认法，并与"双述"安全管理方法相结合，统称为"安全双述"，成为中国华电集团公司本质安全型企业建设的重点项目之一。中国华电集团公司始终坚持作业环境本质安全管理和反违章工作并重，强调"人、机、环、管"的和谐统一，通过"安全双述"管理法不但对管理、环境、设备三大因素有了事前的有效辨识和控制，更重要的是"人"的因素达到本质安全的要求，从过去的"要我安全"转变为"我会安全"，提高了企业安全管理水平，建立了良好的安全氛围，丰富了安全文化建设内容，最终达到了降低事故发生率的目标。

"安全双述"管理法既实现了职工个人素质的提高，又加强了工艺流程的管理，进一步规范了职工在企业安全生产过程的安全操作行为，让职工在生产过程中养成了良好的作

业习惯,避免了违章操作,杜绝了"三违",进一步提高了生产效率,确保了安全生产的积极作用。

二、"安全双述"作为"两票"制度的补充

1."安全双述"作为工作票的有效补充

发电企业工作票制度主要针对的是工作总体的安全,对所工作的区域及设备进行有效的安全措施保护,有效地控制物的不安全状态和环境的不安全因素,但人的安全行为是消除物的不安全状态和环境的不安全因素的必要条件。工作票制度在约束作业人员时,无法对人员的每一项作业内容进行约束指导,这时"安全双述"可以作为"工作票"的有效补充,要求所有作业人员在施工中熟知本岗位安全职责,有效地对各类危险点进行辨识,确认防范措施。

例如,输煤皮带机检修工作,工作票内的安全措施只会指出将所检修的皮带机设备停电,挂牌。这时工作负责人向班组成员交代工作注意事项,但不可能做到面面俱到,班组成员使用"安全双述"就可以有效地补充这一点,在工作中确认危险点及防范措施,进行手指口述:①误碰转动设备造成的机械伤害的风险,作业中严禁由非正式通道随意跨越皮带,严禁直接跨越输煤皮带;②作业中误碰带电设备造成触电的风险,应正确使用合格的工器具,使用前要检查手持电动工器具开关、漏电保护试验装置、防护罩等完好备用;③作业时碰伤的风险,不擅自扩大工作范围工作,熟悉作业区域场所环境,注意周边孔洞、凸出棱角物;④误碰转动皮带发生绞伤的风险,应与其他运行设备的保持安全距离,无绞伤危险;⑤起吊工作时发生坠物伤人的风险,起吊工作应有专人负责,统一指挥与周边保持安全距离并设警示带。

"安全双述"充分发挥作业人员的主观能动性,使每个作业人员主动消除作业过程中的不安全行为,从而消除物的不安全状态与环境的不安全因素,更好地落实发电企业安全发展的战略。

2."安全双述"作为"操作票"的补充

发电企业的"操作票"制度主要用于设备操作,用以防止误操作(误拉、误合、带负荷拉合隔离开关、带地线合闸等)的主要安全措施。一般由运行人员实施,在操作过程中由监护人唱票,由操作人按照监护人所唱票内容进行逐项操作,虽然能有效保证操作项目

及顺序依次进行，也能保证操作人员及设备的安全，但是现场情况千变万化，作业工作也是种类繁多，操作票不可能涵盖全部工作内容，那么这一类工作就没有相应的安全措施用来保障作业人员的安全。

例如保洁员在输煤燃料区域进行清洁工作，这类工作就无法办理操作票，这时保洁人员通过使用"安全双述"就可以有效地帮助保洁人员了解到作业中的危险点以及防范措施，有效地保障保洁员的人身安全：①转动设备清扫有机械伤害的风险，清扫作业应远离转动设备；②电气设备清扫有人身触电的风险，禁止水冲洗电气设备；③栈桥楼梯冲洗有滑跌的风险，行走站立应扶好栏杆；④粉尘浓度大有患职业病的风险，应佩戴好劳动防护用品。

岗位"双述"活动，是从改变员工思想观念和行为习惯入手，从强化员工的自我控制能力入手，全力培养员工以积极的心态，主动预知生产过程中的危险，逐步实现现场管理由粗放向精细的转变，从根本上杜绝不安全行为，最大限度地消除安全隐患，有效遏制各类事故的发生。通过开展岗位"双述"活动，促进知行合一，解决理论与实际脱节的问题、不断提高员工综合素质，将生产一线作业员工打造成一支技术型（懂安全、会安全）、本质安全型的员工。

第三节　发电企业"安全双述"开展情况

扫码看视频①
安全双述开展
情况

"安全双述"作为中国华电集团公司本质安全型企业建设的重点工作之一，率先在华电内蒙古能源有限公司土默特发电分公司（简称"土默特公司"）开展试点工作。本节以土默特公司为例，介绍"安全双述"在基层发电企业的开展情况。

一、试点区域的确定

为了更快、更好、更准确地把"安全双述"的概念引入土默特公司内部，让生产一线的员工快速地接受它，依照"适应企业发展需要、促进职工全面发展、继承与创新相结合"的原则，本着"做岗位、做现场、做流程"的工作思路，土默特公司组织召开"安全双述"试点研讨会，通过讨论确定了"安全双述"在公司范围内的试点区域、试点班组，以及具体的实施方案等事项。

通过对近年来发电企业事故案例的回顾，对具体数据的分析发现，近年来输煤区域事故频发，多次发生在皮带上作业导致绞伤事故、采样机挤压等事故。由于该区域属"两票"执行的盲区，且有人员素质普遍偏低的因素，综合多种因素考虑，开展"安全双述"工作的焦点指向输煤区域，以及在

该区域作业的人员，最终确定将试点区域定在炉后输煤区域，试点人员为输煤区域的作业人群。

二、典型事故案例的宣贯

土默特公司输煤运行人员有中国华电集团公司批复用工，也有临时用工，再加之输煤检修的外包以及保洁人员的临时雇佣，导致该区域作业人员结构复杂、人员各方面素质差异较大、人员对安全生产的认识不同，人员素质更是良莠不齐。公司为了让这类人群能够

更快、更深刻地对"安全双述"有个初步的了解和认识，同时对他们日常工作区域的风险因素能够辨识和熟知，在输煤区域不同地点制作并张贴了"典型事故案例牌"。这些案例牌都是全国发电企业在同区域、同地点发生过事故的典型案例讲解。"典型事故案例牌"的主要内容包含事故发生的经过和原因分析，还包含了避免此类事故发生的防范措施及注意事项。

土默特公司通过多个典型事故案例的张贴学习，让经常在此区域作业的人员了解事故教训，熟知在此作业存在的风险，以及自身必须掌握的防范措施和注意事项，再结合"手指口述"内容，对输煤区域"两票"进行了极大的有益补充，确保了在此区域的作业

安全，达到了公司在输煤区域开展"安全双述"的最初目的。

三、"双述"卡的制作

"双述"内容涵盖岗位安全职责叙述、危险点描述、防范措施以及手指口述等多项内容，而且具体内容因岗位不同、专业不同、作业不同而存在很大差异，再加之前面所提及的作业人群各方面素质也存在差异，因此让每个作业人员人马上熟知，甚至深刻理解"安全双述"，形成习惯是不可能一蹴而就的，"死记硬背"成为"安全双述"工作开展初期阶段必要的方法。

土默特公司安监人员根据不同岗位、不同专业、不同的作业内容，通过完善岗位安全职责、重点分析作业存在的危险点及制订有效的防范措施，提炼制作出属于自己的"双述"卡。通过颜色区分专业，将"双述"卡分发到5个试点班组，试点班组人员人手一册，随身携带，对卡片上的内容进行反复记忆，通过这种强制性记忆法让持卡人员首先熟知自己的岗位安全职责、自身岗位存在的危险点及防范措施。当"双述"内容完全掌握后，再加之对"安全双述"理解的加深，作业人员可以根据不同的作业区域和不同的内容发现相应的危险点，并总结出对应的防范措施。

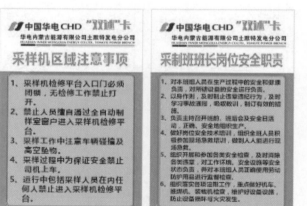

现场作业人员通过对"双述"卡内容的强制记忆，固化行为规范，可以提高作业人员现场危险辨识能力，实现作业人员主动辨识危险点，主动制订防范措施，最终实现"主动安全"。

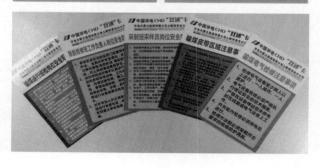

四、专项组织机构的成立

"安全双述"不仅仅在中国华电集团公司内部是首次开展，在国内发电企业也属空白。作为中国华电集团公司试点单位的土默特公司高度重视，成立了以公司生产副总经理担任组长、各生产部门负责人担任副组长的"双述"工作小组。同时确立了"安全双述"的工作目标和指导思想，明确了各级人员职责，制订了详细的工作方案。

五、试点人群初识"双述"

"安全双述"工作在土默特公司初步展开，方案已经制定，目标已经明确，组织机构已经成立，但对于绝大多数试点班组成员来说"双述"的概念还都是空白。此时，宣贯的重要性显得极其重要。"双述"活动小组重点成员组成宣传小组，通过集中培训班、学习班等多种时机对"安全双述"的概念进行讲解，通过学习煤炭企业的相关书籍、相关视频让试点班组成员对双述有了初步认识。小组成员结合进现场重点区域典型事故案例的讲述以及防范措施的讲解，再通过"双述"卡的分发手把手指导其使用方法，让试点班组成员更加深刻的了解熟知了什么是"双述"，日常该如何开展"双述"工作。

六、站班会上岗位安全职责的叙述

岗位安全职责叙述是"安全双述"的最重要一述，之所以说它最重要，是因为只有员

工明确了自身的安全职责，才能正确认识自己的岗位存在的危险点，才能在作业过程中制订防范措施并进行有效控制。

基层发电企业开展"安全双述"，首当其冲是要把岗位安全职责叙述开展好。检修班组每天的早站班会、运行班组在交接班时，都会轮流进行各自岗位的安全职责叙述。

①班前会：利用班前会时间，班组人员轮流进行岗位安全职责及作业风险点叙述。

②工作中：各项作业开始前，由作业人员进行现场作业危险点及注意事项的手指口述叙述。

③班后会：对本班今日"双述"工作执行情况进行总结及点评，并对明日"双述"工作进行安排。从刚开始的持卡朗读到后来的背诵，从铭记于心到理解扩展，短短2个月时间，土默特公司试点人员就可以完全掌握"双述"中重要的一述内容。

七、作业中的手指口述

作为"双述"另一述的"手指口述"，是土默特公司开展"安全双述"的重点工作，也是"安全双述"工作开展最直观、最有效的安全管理方法。各试点班组成员积极响应，主动根据双述卡内容进行危险点辨识及防范措施，做到心想、眼看、手指、口述等过程，让作业人员从根本意识上认识安全，重视安全。

八、组建"双述"微信群

在"双述"工作开展过程中，为更好地推进"双述"工作的开展，土默特公司在各试点单位间组建了"双述"微信群，试点班组成员在遇到疑惑、不解之处时都会通过"双述"微信群进行交流。

九、双述评优活动

为了尽快将"双述"工作全面推广，让全体员工了解"双述"，接受"双述"，掌握"双述"，土默特公司在试点过程中开展了"双述"工作的评优活动，共有参评班组11个，各

班组通过 PPT 演示的形式，主要在班组方案、过程记录（照片、视频等）、班组"双述"手册、班组成果、班组推广计划等多个方面进行了展示。

通过评优活动，评选出电气检修班等三个"双述优胜"班组，并对获胜班组进行奖励。评优活动，不仅极大地鼓舞了员工的积极性，激励大家"知双述""用双述"；同时也起到了检验之前活动开展情况，以及进行经验交流、相互学习、取长补短的作用。

土默特公司为了将"安全双述"工作更好地落地实施，在接下来的"安全双述"推广工作中，计划制定相应的奖惩制度作为查评标准，定期对作业人员进行"安全双述"检查打分，奖惩制度以正激励为主，以此提高员工的积极性。为了不使"安全双述"成为一项新工作而增添员工的负担，也为了员工能自主地使用"安全双述"，土默特公司计划将奖惩制度与无违章创建活动相结合，在开展无违章活动的同时加入个人"安全双述"评分活动，突出员工日常查评得分情况。根据得分情况，每季度在公司各部门评选出"安全双述"优秀人员进行奖励；并以班组为单位，引导班组成员从"人、机、环、管"四要素分析"不安全、不工作"条件，每季度进行班组"安全双述"活动风采展示，同时评选出优秀班组，并对其奖励。通过评比活动，强化员工安全生产和规避风险意识，落实防范措施，规范员工作业行为，从而提高现场作业人员的安全风险辨别能力和发现预控能力。在工作中推行安全管理长效机制，从而真正实现工作中人、机、环、管的和谐统一。

十、"安全双述"开展取得的成效

经过一个阶段试点区域"安全双述"的开展，班组成员安全意识有了明显提高，对自己的岗位安全职责了然于心，能清楚说出作业区域的风险及防范措施，"安全双述"活动的优势得到了充分体现。

在日常推行工作中，"安全双述"工作小组积极听取职工的意见和建议，删繁就简修改确认程序；深入现场认真排查管理漏洞，持续完善各工种岗位安全确认规范。随着"安全双述"的深入推行，职工思想和行为都发生了显著变化，本质安全意识明显增强；现场作业行

为明显规范，逐步实现由习惯型向规范型转变，进而提高了安全保障系数；职工安全技能明显提高，应知应会知识熟练掌握，发现和消除隐患的能力明显增强；职工服从力、执行力和团队意识明显增强，安全管理稳定受控；实现了职工由"要我学"向"我要学"的转变，加快了知识型、本质安全型职工的培养。

第四节　发电企业开展"安全双述"注意事项

土默特公司"安全双述"工作正处于初期落地实施阶段，以试点形式开展工作，并基本达到预期效果。试点班组成员安全意识有明显提高，对自己的岗位安全职责了然于心，能清楚地说出作业区域的风险及防范措施。"安全双述"活动的优势得到了充分体现，但仍存在一些不足和有待改进之处，开展"安全双述"活动需注意以下事项：

（1）重实效。在安全双述工作开展过程中，避免员工将工作重心放在纸质记录及备查资料上，而是要推行落地，将双述与工作相结合，真正做到"知双述，用双述"。

（2）抓重点。员工在作业过程中，能利用双述进行有效的危险点辨识，并优先针对其中重大危险点进行措施确认，有效降低劳动者作业风险，确保劳动者作业安全。

（3）巧融合。"安全双述"作为全新的安全管理法，不应该成为员工的负担，在工作开展中要注意与现有安全管理法的有效融合，以此减轻作业人员负担，提高员工积极性。

（4）做补充。对作业人员明确"双述"适用范围，任何安全管理创新活动都不是摒弃已有的成熟的安全管理方法，而是在原有成果的基础上不断拓展与优化。

（5）勤试点。重视试点班组在双述开展过程中的重要性，并尊重班组"首创精神"，鼓励班组勤于发现，积极创新，提高班组自觉参与度。

（6）核心理念。使员工充分理解"安全双述"的核心意义，进一步培养职工岗位安全操作习惯，规范操作者行为，提高作业人员危险点辨识能力，真正做到拳不离手，"安全"不离"口"。

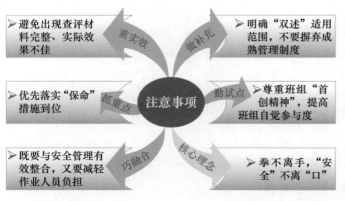

第三章

"安全双述"具体要求与实施方法

第一节 "安全双述"基本要求

"安全双述"基本要求如下：

（1）提高认识：把"安全双述"工作作为提升安全管理工作的重要手段，做好危险点源头分析，实现安全事前管控。

（2）落实责任：作业人员应自觉辨析风险，履行岗位职责，落实防范措施，固化行为流程。

（3）分项展开：对日常工作的安全管理要求进行模块化梳理，丰富"安全双述"活动的内涵，提炼活动经验。

（4）全面总结：通过活动的开展，找到现场重大作业风险点，落实防范措施，将"安全双述"安全管理经验和"手指口述"安全确认法作为"两票"管理的有益补充，从而达到确保作业安全的目的。

（5）在"手指口述"和"安全双述"的执行过程中，要实事求是，从改变员工思想观念和行为习惯入手，从强化员工的自我控制能力入手，全力培养员工以积极的心态主动预知生产过程中的危险，逐步实现现场管理由粗放向精细的转变，从根本上杜绝不安全行为，最大限度地消除和减少安全隐患，有效遏制各类事故的发生。

第二节 "手指口述"基本动作要领

（1）心想：现场作业人员进行任何操作前都要用心想，想作业程序及规程要求，对作业现场应注意的安全事项有一个初步认识。

（2）眼看：作业人员需要查看周边环境、操作设备，以及检修时人机结合面存在的安全隐患，并确认符合安全作业条件，同时在逐步操作过程中应逐条确认并信息反馈。

（3）手指：作业人员应严格按照"手指"要求将"心想""眼看"内容用实际动作加以确认。

（4）口述：作业人员在对"人、机、环、管"可能存在的不安全因素确认完毕后（手指），将确认结果大声口述出来，用自己的声音提醒自己，也提醒其他作业人员。

第三节 "安全双述"通用示例

[示例一] 化学氨区值班员

各位好，我是化学氨区值班员×××，下面是我氨区巡检的"安全双述"内容。

1．我的岗位安全职责

①严格执行"两票三制"，掌握设备运行情况。

②熟悉氨区环境，提高自我安全保护意识，杜绝"三违"现象发生。

③自觉并监督他人遵守有关氨区重大危险源出入管理规定。

④严格执行液氨接卸安全交底和其他注意事项。

⑤重大操作戴好劳动防护用品和使用合格工器具。

2．氨区巡检时的危险点及防范措施

①人员中毒窒息的风险，要观察风向标指示情况确定逃生路线。

②人员冻伤的风险，进行阀门操时要戴好防冻手套。

③人员灼伤的风险，有液氨或氨气泄漏到人身上时要紧急用水进行冲洗。

④有误碰带电设备造成的触电风险，巡检时要与带电设备保持安全距离。

⑤有火灾爆炸的风险，进入氨区前要将手机、对讲机等能产生信号的非防爆电子通信设备和打火机等相关火种放在指定存放箱内，双手触摸静电释放球释放人体静电。

⑥上氨罐检查时有高处坠落的风险，上下楼梯时要抓好扶手。

3．我的"手指口述"内容

①人员中毒窒息的风险。

👆**手指：**氨区范围内；

😷**口述：**人员中毒窒息的风险，要观察风向标指示情况确定逃生路线。

②人员冻伤的风险。

👆**手指：**需要操作的阀门；

😷**口述：**人员冻伤的风险，进行阀门操时要戴好防冻手套。

③人员灼伤的风险。

👆**手指：**氨区管道及生活用水；

😷**口述：**人员灼伤的风险，有液氨或氨气泄漏到人身上时要紧急用水进行冲洗。

④有误碰带电设备造成的触电风险。

👆**手指：**各带电设备；

😷**口述：**有误碰带电设备造成的触电风险，巡检时要与带电设备保持安全距离。

⑤有火灾爆炸的风险。

👆**手指：**火种存放箱；

😷**口述：**有火灾爆炸的风险，进入氨区前要将手机、对讲机等能产生信号的非防爆电子通信设备和打火机等相关火种放在指定存放箱内，双手触摸静电释放球释放人体静电。

⑥上氨罐检查时有高处坠落的风险。

👆**手指：**楼梯扶手；

😷**口述：**上氨罐检查时有高处坠落的风险，上下楼梯时要抓好扶手。

[示例二] 输煤运行巡检

各位好，我是输煤运行巡检 ×××，下面是我输煤区域巡检时的"安全双述"内容。

1. 我的岗位安全职责

①按时参加班组安全日活动及班前、班后会，认真学习事故通报，吸取事故教训，落实防范措施，防止同类事故再次发生。

②严格执行"两票三制"，保证安全措施正确执行，对检修作业中存在的风险及时提出。

③认真进行设备巡回检查，了解所辖设备运行的情况，做好设备参数的采集及填报，及时填写设备缺陷。

④正确使用安全工器具和劳动防护用品，做到"四不伤害"，杜绝"三违"现象发生。

⑤设备设施发生异常情况后，及时进行汇报，并根据现场情况进行事故处理。

2. 皮带巡检时的危险点及防范措施

①操作时有走错间隔及误操作的风险，要确认设备双重编号正确。

②巡检、操作有发生机械伤害的风险，应远离转动设备，禁止伸手进入设备护罩内。

③现场电气设备有人身触电的风险，应确认电气设备无漏电现象，地面干燥，无乱拉、乱接电缆现象。

④输煤栈桥内及上下楼梯有滑倒、跌落的风险，严禁跨越和底部穿越皮带，上下楼梯站稳扶好。

⑤粉尘浓度大有容易造成职业病的风险，巡检时戴好安全帽、防尘口罩等劳动防护用品。

3. 我的"手指口述"内容

①操作时有走错间隔及误操作的风险。

👉**手指**：设备、名称及编号；

🗣**口述**：操作时有走错间隔及误操作的风险，要确认设备双重编号正确。

②巡检、操作有发生机械伤害的风险。

👉**手指**：转动机械、其他设备；

🗣**口述**：巡检、操作有发生机械伤害的风险，应远离转动设备，禁止伸手进入设备护罩内。

③现场电气设备有人身触电的风险。

👉**手指**：电气设备及周边环境；

🗣**口述**：现场电气设备有人身触电的风险，应确认电气设备无漏电现象，地面干燥，无乱拉、乱接电缆现象。

④输煤栈桥内及上下楼梯有滑倒、跌落的风险。

👉**手指**：皮带、行人、楼梯；

🗣**口述**：输煤栈桥内及上下楼梯有滑倒、跌落的风险，严禁跨越和底部穿越皮带，上下楼梯站稳扶好。

⑤粉尘浓度大有容易造成职业病的风险。

👉**手指**：个人劳动防护用品；

🗣**口述**：粉尘浓度大有容易造成职业病的风险，巡检时戴好安全帽、防尘口罩等劳动防护用品。

［示例三］机务检修工

各位好，我是机务检修工×××，下面是我在酸碱设备检修时的"安全双述"内容。

1. 我的岗位安全职责

①严格执行"两票三制"和安全工作规程、检修工艺规程和其他有关安全规章制度。

②制止他人违章指挥、违章作业、违反劳动纪律，做到"四不伤害"，正确使用各类安全用具和劳动防护用品。

③检修作业应做到无水、无灰、无油迹，拆下的零件摆放整齐，检修机具摆放整齐，材料备品摆放整齐。电线不乱拉，管路不乱放，杂物不乱扔。

④检修酸、碱设备确保安全措施完善，不会发生酸碱烧伤及气体中毒事件。

⑤工器具与量具不落地，设备零部件不落地，油污不落地。检修工作结束后，应做到"工完、料净、场地清"。

2. 酸碱设备检修时的危险点及防范措施

①存在有毒有害气体导致中毒或窒息的风险，开工前应检查作业现场有良好的通风，必要时强制通风，工作时应佩戴合格的呼吸器。

②酸碱泄漏导致灼烫的风险，工作时应穿好防酸碱工作服、胶鞋，戴橡胶手套、防护眼镜等劳动防护用品，清楚现场冲洗水、毛巾、药棉及急救时中和用的溶液位置。

③工器具使用不当导致物体打击伤害的风险，工作前应认真检查工器具是否合格，并按照规定使用，正确穿戴劳动防护用品。

④酸碱泄漏导致环境污染的风险，对泄漏的酸碱液必须回收至废水处理系统，禁止直接外排。

3. 我的"手指口述"内容

①存在有毒有害气体导致中毒或窒息的风险。

👉**手指**：呼吸器、门窗；

💬**口述**：存在有毒有害气体导致中毒或窒息的风险，开工前应检查作业现场有良好的通风，必要时强制通风，工作时应佩戴合格的呼吸器。

②酸碱泄漏导致灼烫的风险。

👉**手指**：劳动防护用品，现场冲洗水、毛巾、药棉等急救用品；

😐**口述**：酸碱泄漏导致灼烫的风险，工作时应穿好防酸碱工作服、胶鞋，戴橡胶手套、防护眼镜等劳动防护用品，清楚现场冲洗水、毛巾、药棉及急救时中和用的溶液位置。

③工器具使用不当导致物体打击伤害的风险。

👆**手指**：工器具、劳动防护用品；

😐**口述**：工器具使用不当导致物体打击伤害的风险，工作前应认真检查工器具是否合格，并按照规定使用，正确穿戴劳动防护用品。

④酸碱泄漏导致环境污染的风险。

👆**手指**：管道、容器设备；

😐**口述**：酸碱泄漏导致环境污染的风险，对泄漏的酸碱液必须回收至废水处理系统，禁止直接外排。

[示例四] 保洁员

各位好，我是保洁员×××，下面是我在输煤皮带区域进行清扫作业时的"安全双述"内容。

1. 我的岗位安全职责

①遵守本单位和项目单位的规定、要求，做好厂区保洁工作。

②对于非清洁区域和设备，严禁进入和触碰。

③遵守安全工作规程和安全措施，发现隐患及时汇报。

④熟悉现场环境，提高自我安全保护意识，杜绝"三违"（违章指挥、违规作业、违反劳动纪律）现象发生。

⑤对自己和他人安全负责，清扫时做好相应安全措施。

2. 输煤皮带区域清扫时的危险点及防范措施

①转动设备清扫有机械伤害的风险，清扫作业应远离转动部位。

②电气设备清扫有人身触电的风险，禁止用水冲洗电气设备。

③栈桥楼梯冲洗有滑跌的风险，行走站立应扶好栏杆。

④粉尘浓度大有患职业病的风险，应佩戴好劳动防护用品。

3. 我的"手指口述"内容

①转动设备清扫有机械伤害的风险。

👆**手指**：转动设备；

😀**口述**：转动设备清扫有机械伤害的风险，清扫作业应远离转动部位。

②电气设备清扫有人身触电的风险。

👆**手指**：电气设备；

😀**口述**：电气设备清扫有人身触电的风险，禁止用水冲洗电气设备。

③栈桥楼梯冲洗有滑跌的风险。

👆**手指**：栈桥楼梯；

😀**口述**：栈桥楼梯冲洗有滑跌的风险，行走站立应扶好栏杆。

④粉尘浓度大有患职业病的风险。

👆**手指**：工作现场；

😀**口述**：粉尘浓度大有患职业病的风险，应佩戴好劳动防护用品。

[示例五] 拉灰、拉渣司机

各位好，我是拉灰、拉渣司机×××，下面是拉灰、拉渣过程中的"安全双述"内容。

1. 我的岗位安全职责

①提供合格公司、人员资质，并通过公司三级安全教育持证上岗。

②遵守本单位和项目单位的各项规定和要求。

③按照本单位规划行驶路线和时速进行通行，不发生任何交通事故。

④熟悉现场作业环境，杜绝"三违"现象发生。

⑤正确佩戴劳动防护用品。

2. 拉灰、拉渣过程中的危险点及防范措施

①车辆超速发生交通事故的风险，进入生产现场必须按照限速要求进行通行，严禁超速、超载。

②溜车发生碰撞事故的风险，停车后做好车辆制动措施。

③粉尘浓度大有患职业病的风险，粉尘浓度大的环境应佩戴防尘口罩，拉灰车装满后进行全覆盖后方可离去。

3. 我的"手指口述"内容

①车辆超速发生交通事故的风险。

👆**手指**：限速牌、车辆；

😀**口述**：进入生产现场必须按照限速要求进行通行，严禁超速、超载。

②溜车发生碰撞事故的风险。

👆**手指**：车辆制动器及其他制动措施；

😀**口述**：停车后做好车辆制动措施。

③粉尘浓度大有患职业病的风险。

👆**手指**：劳动防护用品和盖布；

😀**口述**：粉尘浓度大的环境应佩戴防尘口罩，拉灰车装满后进行全覆盖后方可离去。

第四章

发电企业岗位安全职责

第一节 运行人员岗位安全职责

1. 值长

①当班期间全面掌握设备运行状况，做好事故预想工作。

②全权指挥和处理机组及设备运行中的各类事故，保障机组及设备的安全稳定运行；及时正确地执行调度命令，对所发出的操作命令和事故处理命令的正确性负全部责任。

③对本值值班人员的人身安全和设备安全负有直接领导责任。

④严格执行"两票三制"，对属于值长审核范围内的操作票、工作票和安全措施的正确性负责。监督各岗位人员认真进行设备系统巡回检查和设备定期切换工作。

⑤指导班组成员正确使用安全工器具和劳动防护用品，做到"四不伤害"，杜绝"三违"现象发生。

⑥负责组织召开班组安全日活动及班前、班后会，传达公司、部门的安全精神，参加安全培训，学习事故通报，吸取事故教训，落实防范措施，防止同类事故重复发生。

2. 单元长

①当班期间全面掌握机组设备运行状况，做好事故预想工作。

②发生异常情况，积极、正确、果断组织班组人员进行处理，严格执行汇报制度，事后组织异常分析，并提交异常分析报告。

③严格执行"两票三制"，对本值操作票、工作票安全措施执行的正确性负责，配合值长监督各岗位人员认真进行设备系统巡回检查和设备定期切换工作。

④正确使用安全工器具和劳动防护用品，做到"四不伤害"，杜绝"三违"现象发生。

⑤参加班组安全日活动及班前、班后会。参加安全培训，学习事故通报，吸取教训，落实防范措施，防止同类事故重复发生。

3. 集控主值

①当班期间全面掌握本机组设备运行状况，做好事故预想工作。

②发生异常情况立即停止其他无关工作，积极、正确、果断组织机组人员进行事故处理，严格执行汇报制度，做好记录，事后参加班组异常分析。

③严格执行"两票三制"，对本机组操作票、工作票安全措施执行的正确性负责，监

督本机组各岗位人员认真进行设备系统巡回检查，按规定进行设备定期切换工作。

④正确使用安全工器具和劳动防护用品，做到"四不伤害"，杜绝"三违"现象发生。

⑤参加班组安全日活动及班前、班后会。参加安全培训，学习事故通报，吸取教训，落实防范措施，防止同类事故重复发生。

4. 集控副值

①当班期间全面掌握本机组设备运行状况，做好事故预想工作。

②发生异常情况，根据主值命令要求进行事故处理，严格执行汇报制度，事后参加班组异常分析。

③严格执行"两票三制"对本机组操作票、工作票措施执行的正确性负责，认真执行设备系统的巡回检查和设备定期切换工作。

④正确使用安全工器具和劳动防护用品，做到"四不伤害"，杜绝"三违"现象发生。

⑤参加班组安全日活动及班前、班后会。参加安全培训，学习事故通报，吸取教训，落实防范措施，防止同类事故重复发生。

5. 集控巡检

①当班期间全面掌握管辖设备运行状况，做好事故预想工作。

②在值班员领导下，负责机组现场设备安全运行的监视、调整和事故处理工作；发生异常情况时，根据值班员命令要求进行事故处理，严格执行汇报制度，事后参加班组异常分析会。

③严格执行"两票三制"，当班期间认真进行巡回检查，对于发现问题及时汇报处理；按照操作票和工作票的内容正确执行安全措施。

④正确使用安全工器具和劳动防护用品，做到"四不伤害"，杜绝"三违"现象发生。

⑤参加班组安全日活动及班前、班后会。参加安全培训，学习事故通报，吸取教训，落实防范措施，防止同类事故重复发生。

6. 化学值班员

①当班期间全面掌握本专业设备运行状况，做好事故预想工作。

②发生异常情况立即停止其他无关工作，积极、正确、果断组织本专业人员进行事故处理，严格执行汇报制度，做好记录，事后组织异常分析，并提交异常分析报告。

③严格执行"两票三制",对本专业操作票、工作票安全措施执行的正确性负责,监督本专业各岗位人员认真进行设备系统巡回检查,按规定进行设备定期切换工作。

④正确使用安全工器具和劳动防护用品,做到"四不伤害",杜绝"三违"现象发生。

⑤做好危化品日常安全管理工作。

⑥参加班组安全日活动及班前、班后会。参加安全培训,学习事故通报,吸取教训,落实防范措施,防止同类事故重复发生。

7. 化学巡检

①当班期间全面掌握管辖设备运行状况,做好事故预想工作。

扫码看视频②
化学巡检岗位
安全职责

②在值班员领导下,负责机组现场设备安全运行的监视、调整和事故处理工作,发生异常情况时,根据值班员命令要求进行事故处理,严格执行汇报制度,事后参加班组异常分析会。

③严格执行"两票三制",当班期间认真进行巡回检查重点危化品区域,对于发现问题及时汇报处理;按照操作票和工作票的内容正确执行安全措施。

④正确使用安全工器具和劳动防护用品,做到"四不伤害",杜绝"三违"现象发生。

⑤参加班组安全日活动及班前、班后会。参加安全培训,学习事故通报,吸取教训,落实防范措施,防止同类事故重复发生。

8. 除脱值班员

①当班期间全面掌握本专业设备运行状况,严密监视环保参数,做好事故预想工作。

②发生异常情况立即停止其他无关工作,积极、正确、果断组织本专业人员进行事故处理,严格执行汇报制度,做好记录,事后组织异常分析,并提交异常分析报告。

③严格执行"两票三制",对本专业操作票、工作票安全措施执行的正确性负责,监督本专业各岗位人员认真进行设备系统巡回检查,按规定进行设备定期切换工作。

④正确使用安全工器具和劳动防护用品,做到"四不伤害",杜绝"三违"现象发生。

⑤负责放灰、放渣人员的安全管理工作。

⑥参加班组安全日活动及班前、班后会。参加安全培训,学习事故通报,吸取教训,落实防范措施,防止同类事故重复发生。

9. 除脱巡检

①当班期间全面掌握管辖设备运行状况，做好事故预想工作。

②在值班员领导下，负责机组现场设备安全运行的监视、调整和事故处理工作，发生异常情况时，根据值班员命令要求进行事故处理，严格执行汇报制度，事后参加班组异常分析会。

③严格执行"两票三制"，当班期间认真进行巡回检查重点危化品区域，对于发现问题及时汇报处理；按照操作票和工作票的内容正确执行安全措施。

④正确使用安全工器具和劳动防护用品，做到"四不伤害"，杜绝"三违"现象发生。

⑤负责放灰、放渣外委人员的现场管理工作。

⑥参加班组安全日活动及班前、班后会。参加安全培训，学习事故通报，吸取教训，落实防范措施，防止同类事故重复发生。

10. 输煤运行主值

①按时组织班组安全日活动及班前、班后会，及时学习事故通报，吸取事故教训，制订防范措施，防止同类事故再次发生。

②严格执行"两票三制"，保证检修工作安全进行，作业中若存在风险及时停止作业。

③经常深入现场，了解所辖设备运行的情况，做好设备参数的采集及填报，及时填写设备缺陷。

④正确使用安全工器具和劳动防护用品，做到"四不伤害"，杜绝"三违"现象发生。

⑤设备设施发生异常情况后，及时进行汇报，并根据现场情况组织进行事故处理。

11. 输煤运行副值

①协助主值组织班组安全日活动及班前、班后会，认真学习事故通报，吸取事故教训，落实防范措施，防止同类事故再次发生。

②严格执行"两票三制"，保证安全措施正确执行，若检修作业中存在风险及时停止其工作。

③认真监视设备运行情况，了解所辖设备运行参数，做好设备参数的采集及填报，及时填写设备缺陷。

④正确使用安全工器具和劳动防护用品，做到"四不伤害"，杜绝"三违"现象发生。

⑤设备设施发生异常情况后，及时进行汇报，并根据现场情况协助主值进行事故处理。

12. 输煤运行巡检

①按时参加班组安全日活动及班前、班后会，认真学习事故通报，吸取事故教训，落实防范措施，防止同类事故再次发生。

扫码看视频③
输煤巡检安全
岗位职责描述

②严格执行"两票三制"，保证安全措施正确执行，对检修作业中存在的风险及时提出。

③认真进行设备巡回检查，了解所辖设备运行的情况，做好设备参数的采集及填报，及时填写设备缺陷。

④正确使用安全工器具和劳动防护用品，做到"四不伤害"，杜绝"三违"现象发生。

⑤设备设施发生异常情况后，及时进行汇报，并根据现场情况进行事故处理。

13. 斗轮机司机

①按时参加班组安全日活动及班前、班后会，认真学习事故通报，吸取事故教训，落实防范措施，防止同类事故再次发生。

②严格执行斗轮机各项管理规定及"两票三制"，保证安全措施正确执行，对检修作业中存在的风险及时提出。

③认真进行斗轮机的检查、精心操作，保证斗轮机稳定运行，及时填写斗轮机运行中的缺陷。

④正确使用安全工器具和劳动防护用品，做到"四不伤害"，杜绝"三违"现象发生。

⑤斗轮机发生异常情况后，及时进行汇报，并根据现场情况进行事故处理。

14. 翻车机司机

①按时参加班组安全日活动及班前、班后会，认真学习事故通报，吸取事故教训，落实防范措施，防止同类事故再次发生。

②严格执行翻车机各项管理规定及"两票三制"，保证安全措施正确执行，对检修作业中存在的风险及时提出。

③认真进行翻车机的检查、精心操作，保证翻车机稳定运行，及时填写翻车机运行中的缺陷。

④正确使用安全工器具和劳动防护用品，做到"四不伤害"，杜绝"三违"现象发生。

⑤翻车机发生异常情况后，及时进行汇报，并根据现场情况进行事故处理。

检修人员岗位安全职责

1. 汽机维护班班长

①宣传并贯彻上级有关安全生产方针、政策、法规、规程、规定和决定，是本班组的安全第一负责人。

②组织本班开展反违章工作，落实并消除装置性违章，及时纠正不安全思想，制止并考核违章违纪；及时组织学习事故通报，吸取教训，采取对策，防止同类事故重复发生。

③每周组织一次安全活动，传达上级文件精神，学习各类事故通报，对本班组本周安全生产工作分析总结。

④做好本班组岗位安全技术培训、新入厂工人的第三级安全教育和全班人员（包括临时工）经常性的安全思想教育。

⑤主持召开每日班前、班后会，结合开展危险点分析预控活动。

2. 汽机维护班安全员

①负责班组安全生产的监督，协助班长组织完成本班组负责的两措计划及安全整改项目。

②协助班长组织好每周一次的班组安全日活动，结合班组实际，做好安全生产状况的分析。

③经常检查本班组工作场所和作业环境、安全设施、设备工器具的安全状况，发现隐患及时登记上报；督促本班人员正确使用各种安全工器具和劳动防护用品。

④组织班组安全工器具的管理和定期检验、试验工作。

⑤协助班长对本班组发生的异常、未遂、障碍、事故和其他不安全的情况，按照"四不放过"原则，认真分析，吸取教训，制订对策，督促执行，并负责按规定填表上报。

3. 汽机维护班工作负责人

①参加每周一次班组安全日活动及班前、班后会；及时学习事故通报，吸取教训，落实防范措施，防止同类事故重复发生。

②带票作业前确认安全措施已全部执行，向班组成员交代工作中的危险点及注意事项，作业中监督班组成员安全作业。

③检修作业应做到无水、无灰、无油迹，拆下的零件摆放整齐，检修机具摆放整齐，材料备品摆放整齐。电线不乱拉，管路不乱放，杂物不乱扔。

④对检修班组人员正确使用劳动防护用品进行监督检查，制止违章作业，发现重大事故隐患、缺陷，及时汇报。

⑤检修作业完成后检查现场文明卫生情况、措施恢复情况、工器具收回情况等，按照"五不结束"原则检查确认工作完成。

4. 汽机维护班工作班成员

①参加班组安全日活动及班前、班后会；参加安全培训，学习事故通报，吸取教训，落实防范措施，防止同类事故重复发生。

②工作开工前，熟悉工作任务、安全措施和注意事项，参加工作的危险点分析，学习后在工作票相应栏内确认签名。

③每天认真进行设备巡回检查、工作环境检查，做好设备日常数据的采集、诊断、趋势分析，定期进行设备渗漏点检查、统计工作。

④正确使用安全工器具和劳动防护用品，熟悉现场环境，提高自我安全保护意识，杜绝"三违"现象发生，工作中做到"四不伤害"。

⑤工器具与量具不落地，设备零部件不落地，油污不落地。检修工作结束后，应做到"工完、料净、场地清"。

⑥及时发现隐患并处理，大缺陷及时汇报处理。

5. 锅炉维护班班长

①负责本班组的安全目标分解，落实到每个岗位并制订具体实施的保证措施，是本班组的安全第一负责人。

②组织本班开展反违章工作，落实并消除装置性违章，及时纠正不安全思想，制止并考核违章违纪；及时组织学习事故通报，吸取教训，采取对策，防止同类事故重复发生。

③每周组织一次安全活动，分析总结班组本周安全生产工作情况，学习事故通报组织制订本班组防范措施。

④做好本班组岗位安全技术培训、新入厂工人的第三级安全教育和全班人员（包括临时工）经常性的安全思想教育。

⑤主持召开每日班前、班后会，结合开展危险点分析预控活动。

6. 锅炉维护班安全员

①负责班组安全生产的监督,协助班长组织有关事故、障碍、异常和未遂事故的调查分析,坚持"四不放过"原则,及时准确上报有关原始分析报告;汇集班组原始资料,做好本班组安全管理台账。

②协助班长组织好每周一次的班组安全日活动,结合班组实际,做好安全生产状况的分析。

③经常检查本班组工作场所和作业环境、安全设施、设备工器具的安全状况,发现隐患及时登记上报;督促本班人员正确使用各种安全工器具和劳动防护用品。

④组织班组安全工器具的管理和定期检验、试验工作。

⑤协助班长对本班组发生的异常、未遂、障碍、事故和其他不安全的情况,按照"四不放过"的原则,认真分析,吸取教训,制订对策,督促执行,并负责按规定填表上报。

7. 锅炉维护班工作负责人

①参加每周一次专业安全日活动及班前、班后会;及时学习事故通报,吸取教训,落实防范措施,防止同类事故重复发生。

②带票作业前确认安全措施已全部执行,向班组成员交代工作中的危险点及注意事项,作业中监督班组成员安全作业。

③检修作业应做到无水、无灰、无油迹,拆下的零件摆放整齐,检修机具摆放整齐,材料备品摆放整齐。电线不乱拉,管路不乱放,杂物不乱扔。

④对检修班组人员正确使用劳动防护用品进行监督检查,制止违章作业,发现重大事故隐患、缺陷,及时汇报。

⑤检修作业完成后检查现场文明卫生情况、措施恢复情况、工器具收回情况等,按照"五不结束"原则检查确认工作完成。

8. 锅炉维护班工作班成员

①参加班组安全日活动及班前、班后会;参加安全培训,学习事故通报,吸取教训,落实防范措施,防止同类事故重复发生。

②工作开工前,熟悉工作任务、安全措施和注意事项,参加工作的危险点分析,学习后在工作票相应栏内确认签名。

③每天认真进行设备巡回检查、工作环境检查,做好设备日常数据的采集、诊断、趋

势分析，定期进行设备渗漏点检查、统计工作。

④正确使用安全工器具和劳动防护用品，熟悉现场环境，提高自我安全保护意识，杜绝"三违"现象发生。

⑤工器具与量具不落地，设备零部件不落地，油污不落地。检修工作结束后，应做到"工完、料净、场地清"。

⑥及时发现隐患并处理，大缺陷及时汇报处理。

9. 电气一次维护班班长

①宣传并贯彻上级有关安全生产方针、政策、法规、规程、规定和决定，是本班组的安全第一负责人。

②组织本班开展反违章工作，落实并消除装置性违章，及时纠正不安全思想，制止并考核违章违纪；及时组织学习事故通报，吸取教训，采取对策，防止同类事故重复发生。

③每周组织一次安全活动，传达上级文件精神，学习各类事故通报，对本班组本周安全生产工作分析终结。

④ 做好本班组岗位安全技术培训、新入厂工人的第三级安全教育和全班人员（包括临时工）经常性的安全思想教育。

⑤主持召开每日班前、班后会，结合开展危险点分析预控活动。

10. 电气一次维护班安全员

①负责班组安全生产的监督，协助班长组织完成本班组负责的两措计划及安全整改项目。

②协助班长组织好每周一次的班组安全日活动，结合班组实际，做好安全生产状况的分析。

③经常检查本班组工作场所和作业环境、安全设施、设备工器具的安全状况，发现隐患及时登记上报；督促本班人员正确使用各种安全工器具和劳动防护用品。

④组织班组安全工器具的管理和定期检验、试验工作。

⑤协助班长对本班组发生的异常、未遂、障碍、事故和其他不安全的情况，按照"四不放过"原则，认真分析，吸取教训，制订对策，督促执行，并负责按规定填表上报。

11. 电气一次维护班工作负责人

①参加每周一次班组安全日活动及班前、班后会；及时学习事故通报，吸取教训，落实防范措施，防止同类事故重复发生。

②带票作业前确认安全措施已全部执行，向班组成员交代工作中的危险点及注意事项，作业中监督班组成员安全作业。

③检修作业应做到无水、无灰、无油迹，拆下的零件摆放整齐，检修机具摆放整齐，材料备品摆放整齐。电线不乱拉，管路不乱放，杂物不乱扔。

④对检修班组人员正确使用劳动防护用品进行监督检查，制止违章作业，发现重大事故隐患、缺陷，及时汇报。

⑤检修作业完成后检查现场文明卫生情况、措施恢复情况、工器具收回情况等，按照"五不结束"原则检查确认工作完成。

12. 电气一次维护班工作班成员

①参加班组安全日活动及班前、班后会；参加安全培训，学习事故通报，吸取教训，落实防范措施，防止同类事故重复发生。

②工作开工前，熟悉工作任务、安全措施和注意事项，参加工作的危险点分析，学习后在工作票相应栏内确认签名。

③每天认真进行设备巡回检查、工作环境检查，做好设备日常数据的采集、诊断、趋势分析，定期进行设备渗漏点检查、统计工作。

④正确使用安全工器具和劳动防护用品，熟悉现场环境，提高自我安全保护意识，杜绝"三违"现象发生。

⑤工器具与量具不落地，设备零部件不落地，油污不落地。检修工作结束后，应做到"工完、料净、场地清"。

⑥及时发现隐患并处理，大缺陷及时汇报处理。

13. 电气二次维护班班长

①负责本班组的安全目标分解，落实到每个岗位并制订具体实施的保证措施，是本班组的安全第一负责人。

②组织本班开展反违章工作，落实并消除装置性违章，及时纠正不安全思想，制止并考核违章违纪；及时组织学习事故通报，吸取教训，采取对策，防止同类事故重复发生。

③每周组织一次安全活动，分析总结班组本周安全生产工作情况，学习事故通报组织制订本班组防范措施。

④做好本班组岗位安全技术培训、新入厂工人的第三级安全教育和全班人员（包括临时工）经常性的安全思想教育。

⑤主持召开每日班前、班后会，结合开展危险点分析预控活动。

14. 电气二次维护班安全员

①负责班组安全生产的监督，协助班长组织有关事故、障碍、异常和未遂事故的调查分析，坚持"四不放过"原则，及时准确上报有关原始分析报告；汇集班组原始资料，做好本班组安全管理台账。

②协助班长组织好每周一次的班组安全日活动，结合班组实际，做好安全生产状况的分析。

③经常检查本班组工作场所和作业环境、安全设施、设备工器具的安全状况，发现隐患及时登记上报；督促本班人员正确使用各种安全工器具和劳动防护用品。

④组织班组安全工器具的管理和定期检验、试验工作。

⑤协助班长对本班组发生的异常、未遂、障碍、事故和其他不安全的情况，按照"四不放过"原则，认真分析，吸取教训，制订对策，督促执行，并负责按规定填表上报。

15. 电气二次维护班工作负责人

①参加每周一次专业安全日活动及班前、班后会；及时学习事故通报，吸取教训，落实防范措施，防止同类事故重复发生。

扫码看视频④
电气二次工作
负责人岗位安
全职责

②带票作业前确认安全措施已全部执行，向班组成员交代工作中的危险点及注意事项，作业中监督班组成员安全作业。

③检修作业应做到无水、无灰、无油迹，拆下的零件摆放整齐，检修机具摆放整齐，材料备品摆放整齐。电线不乱拉，管路不乱放，杂物不乱扔。

④对检修班组人员正确使用劳动防护用品进行监督检查，制止违章作业，发现重大事故隐患、缺陷，及时汇报。

⑤检修作业完成后检查现场文明卫生情况、措施恢复情况、工器具收回情况等，按照"五不结束"原则检查确认工作完成。

16. 电气二次维护班工作班成员

①参加班组安全日活动及班前、班后会；参加安全培训，学习事故通报，吸取教训，落实防范措施，防止同类事故重复发生。

②工作开工前，熟悉工作任务、安全措施和注意事项，参加工作的危险点分析，学习后在工作票相应栏内确认签名。

③每天认真进行设备巡回检查、工作环境检查，做好设备日常数据的采集、诊断、趋势分析，定期进行设备渗漏点检查、统计工作。

④正确使用安全工器具和劳动防护用品，熟悉现场环境，提高自我安全保护意识，杜绝"三违"现象发生。

⑤工器具与量具不落地，设备零部件不落地，油污不落地。检修工作结束后，应做到"工完、料净、场地清"。

⑥及时发现隐患并处理，大缺陷及时汇报处理。

17. 热控维护班班长

①宣传并贯彻上级有关安全生产方针、政策、法规、规程、规定和决定，是本班组的安全第一负责人。

②组织本班开展反违章工作，落实并消除装置性违章，及时纠正不安全思想，制止并考核违章违纪；及时组织学习事故通报，吸取教训，采取对策，防止同类事故重复发生。

③每周组织一次安全活动，传达上级文件精神，学习各类事故通报，对本班组本周安全生产工作分析终结。

④做好本班组岗位安全技术培训、新入厂工人的第三级安全教育和全班人员（包括临时工）经常性的安全思想教育。

⑤主持召开每日班前、班后会，结合开展危险点分析预控活动。

18. 热控维护班安全员

①负责班组安全生产的监督，协助班长组织完成本班组负责的两措计划及安全整改项目。

②协助班长组织好每周一次的班组安全日活动，结合班组实际，做好安全生产状况的分析。

③经常检查本班组工作场所和作业环境、安全设施、设备工器具的安全状况，发现隐

患及时登记上报；督促本班人员正确使用各种安全工器具和劳动防护用品。

④组织班组安全工器具的管理和定期检验、试验工作。

⑤协助班长对本班组发生的异常、未遂、障碍、事故和其他不安全的情况，按照"四不放过"原则，认真分析，吸取教训，制订对策，督促执行，并负责按规定填表上报。

19. 热控维护班工作负责人

①参加每周一次班组安全日活动及班前、班后会；及时学习事故通报，吸取教训，落实防范措施，防止同类事故重复发生。

②带票作业前确认安全措施已全部执行，向班组成员交代工作中的危险点及注意事项，作业中监督班组成员安全作业。

③检修作业应做到无水、无灰、无油迹，拆下的零件摆放整齐，检修机具摆放整齐，材料备品摆放整齐。电线不乱拉，管路不乱放，杂物不乱扔。

④对检修班组人员正确使用劳动防护用品进行监督检查，制止违章作业，发现重大事故隐患、缺陷，及时汇报。

⑤检修作业完成后检查现场文明卫生情况、措施恢复情况、工器具收回情况等，按照"五不结束"原则检查确认工作完成。

20. 热控维护班工作班成员

①参加班组安全日活动及班前、班后会；参加安全培训，学习事故通报，吸取教训，落实防范措施，防止同类事故重复发生。

②工作开工前，熟悉工作任务、安全措施和注意事项，参加工作的危险点分析，学习后在工作票相应栏内确认签名。

③每天认真进行设备巡回检查、工作环境检查，做好设备日常数据的采集、诊断、趋势分析，定期进行设备渗漏点检查、统计工作。

④正确使用安全工器具和劳动防护用品，熟悉现场环境，提高自我安全保护意识，杜绝"三违"现象发生。

⑤工器具与量具不落地，设备零部件不落地，油污不落地。检修工作结束后，应做到"工完、料净、场地清"。

⑥及时发现隐患并处理，大缺陷及时汇报处理。

21. 除脱维护班班长

①负责本班组的安全目标分解，落实到每个岗位并制订具体实施的保证措施，是本班组的安全第一负责人。

②组织本班开展反违章工作，落实并消除装置性违章，及时纠正不安全思想，制止并考核违章违纪；及时组织学习事故通报，吸取教训，采取对策，防止同类事故重复发生。

③每周组织一次安全活动，分析总结班组本周安全生产工作情况，学习事故通报组织制订本班组防范措施。

④做好本班组岗位安全技术培训、新入厂工人的第三级安全教育和全班人员（包括临时工）经常性的安全思想教育。

⑤主持召开每日班前、班后会，结合开展危险点分析预控活动。

22. 除脱维护班安全员

①负责班组安全生产的监督，协助班长组织有关事故、障碍、异常和未遂事故的调查分析，坚持"四不放过"原则，及时准确上报有关原始分析报告。汇集班组原始资料，做好本班组安全管理台账。

②协助班长组织好每周一次的班组安全日活动，结合班组实际，做好安全生产状况的分析。

③经常检查本班组工作场所和作业环境、安全设施、设备工器具的安全状况，发现隐患及时登记上报；督促本班人员正确使用各种安全工器具和劳动防护用品。

④组织班组安全工器具的管理和定期检验、试验工作。

⑤协助班长对本班组发生的异常、未遂、障碍、事故和其他不安全的情况，按照"四不放过"原则，认真分析，吸取教训，制订对策，督促执行，并负责按规定填表上报。

23. 除脱维护班工作负责人

①参加每周一次班组安全日活动及班前、班后会；及时学习事故通报，吸取教训，落实防范措施，防止同类事故重复发生。

②带票作业前确认安全措施已全部执行，向班组成员交代工作中的危险点及注意事项，作业中监督班组成员安全作业。

③检修作业应做到无水、无灰、无油迹，拆下的零件摆放整齐，检修机具摆放整齐，材料备品摆放整齐。电线不乱拉，管路不乱放，杂物不乱扔。

④对检修班组人员正确使用劳动防护用品进行监督检查，制止违章作业，发现重大事故隐患、缺陷，及时汇报。

⑤检修作业完成后检查现场文明卫生情况、措施恢复情况、工器具收回情况等，按照"五不结束"原则检查确认工作完成。

24. 除脱维护班工作班成员

①参加班组安全日活动及班前、班后会；参加安全培训，学习事故通报，吸取教训，落实防范措施，防止同类事故重复发生。

②工作开工前，熟悉工作任务、安全措施和注意事项，参加工作的危险点分析，学习后在工作票相应栏内确认签名。

③每天认真进行设备巡回检查、工作环境检查，做好设备日常数据的采集、诊断、趋势分析，定期进行设备渗漏点检查、统计工作。

④正确使用安全工器具和劳动防护用品，熟悉现场环境，提高自我安全保护意识，杜绝"三违"现象发生。

⑤工器具与量具不落地，设备零部件不落地，油污不落地。检修工作结束后，应做到"工完、料净、场地清"。

⑥及时发现隐患并处理，大缺陷及时汇报处理。

25. 输煤维护班班长

①宣传并贯彻上级有关安全生产方针、政策、法规、规程、规定和决定，是本班组的安全第一负责人。

②组织本班开展反违章工作，落实并消除装置性违章，及时纠正不安全思想，制止并考核违章违纪；及时组织学习事故通报，吸取教训，采取对策，防止同类事故重复发生。

③每周组织一次安全活动，传达上级文件精神，学习各类事故通报，对本班组本周安全生产工作分析终结。

④ 做好本班组岗位安全技术培训、新入厂工人的第三级安全教育和全班人员（包括临时工）经常性的安全思想教育。

⑤主持召开每日班前、班后会，结合开展危险点分析预控活动。

26. 输煤维护班安全员

①负责班组安全生产的监督，协助班长组织完成本班组负责的两措计划及安全整改项目。

②协助班长组织好每周一次的班组安全日活动，结合班组实际，做好安全生产状况的分析。

③经常检查本班组工作场所和作业环境、安全设施、设备工器具的安全状况，发现隐患及时登记上报；督促本班人员正确使用各种安全工器具和劳动防护用品。

④组织班组安全工器具的管理和定期检验、试验工作。

⑤协助班长对本班组发生的异常、未遂、障碍、事故和其他不安全的情况，按照"四不放过"原则，认真分析，吸取教训，制订对策，督促执行，并负责按规定填表上报。

27. 输煤维护班工作负责人

①参加每周一次班组安全日活动及班前、班后会；及时学习事故通报，吸取教训，落实防范措施，防止同类事故重复发生。

②带票作业前确认安全措施已全部执行，向班组成员交代工作中的危险点及注意事项，作业中监督班组成员安全作业。

③检修作业应做到无水、无灰、无油迹，拆下的零件摆放整齐，检修机具摆放整齐，材料备品摆放整齐。电线不乱拉，管路不乱放，杂物不乱扔。

④对检修班组人员正确使用劳动防护用品进行监督检查，制止违章作业，发现重大事故隐患、缺陷，及时汇报。

⑤检修作业完成后检查现场文明卫生情况、措施恢复情况、工器具收回情况等，按照"五不结束"原则检查确认工作完成。

28. 输煤维护班工作班成员

①参加班组安全日活动及班前、班后会；参加安全培训，学习事故通报，吸取教训，落实防范措施，防止同类事故重复发生。

②工作开工前，熟悉工作任务、安全措施和注意事项，参加工作的危险点分析，学习后在工作票相应栏内确认签名。

③每天认真进行设备巡回检查、工作环境检查，做好设备日常数据的采集、诊断、趋势分析，定期进行设备渗漏点检查、统计工作。

④正确使用安全工器具和劳动防护用品，熟悉现场环境，提高自我安全保护意识，杜绝"三违"现象发生。

⑤工器具与量具不落地，设备零部件不落地，油污不落地。检修工作结束后，应做到"工完、料净、场地清"。

⑥及时发现隐患并处理，大缺陷及时汇报处理。

29. 综合维护班班长

①负责本班组的安全目标分解，落实到每个岗位并制订具体实施的保证措施，是本班组的安全第一负责人。

②组织本班开展反违章工作，落实并消除装置性违章，及时纠正不安全思想，制止并考核违章违纪；及时组织学习事故通报，吸取教训，采取对策，防止同类事故重复发生。

③每周组织一次安全活动，分析总结班组本周安全生产工作情况，学习事故通报组织制订本班组防范措施。

④做好本班组岗位安全技术培训、新入厂工人的第三级安全教育和全班人员（包括临时工）经常性的安全思想教育。

⑤主持召开好每日班前、班后会，结合开展危险点分析预控活动。

30. 综合维护班安全员

①负责班组安全生产的监督，协助班长组织有关事故、障碍、异常和未遂事故的调查分析，坚持"四不放过"原则，及时准确上报有关原始分析报告。汇集班组原始资料，做好本班组安全管理台账。

②协助班长组织好每周一次的班组安全日活动，结合班组实际，做好安全生产状况的分析。

③经常检查本班组工作场所和作业环境、安全设施、设备工器具的安全状况，发现隐患及时登记上报；督促本班人员正确使用各种安全工器具和劳动防护用品。

④组织好班组安全工器具的管理和定期检验、试验工作。

⑤协助班长对本班组发生的异常、未遂、障碍、事故和其他不安全的情况，按照"四不放过"原则，认真分析，吸取教训，制订对策，督促执行，并负责按规定填表上报。

31. 综合维护班工作负责人

①参加每周一次班组安全日活动及班前、班后会；及时学习事故通报，吸取教训，落实防范措施，防止同类事故重复发生。

②带票作业前确认安全措施已全部执行，向班组成员交代工作中的危险点及注意事项，作业中监督班组成员安全作业。

③检修作业应做到无水、无灰、无油迹，拆下的零件摆放整齐，检修机具摆放整齐，材料备品摆放整齐。电线不乱拉，管路不乱放，杂物不乱扔。

④对检修班组人员正确使用劳动防护用品进行监督检查，制止违章作业，发现重大事故隐患、缺陷，及时汇报。

⑤检修作业完成后检查现场文明卫生情况、措施恢复情况、工器具收回情况等，按照"五不结束"原则检查确认工作完成。

32. 综合维护班工作班成员

①参加班组安全日活动及班前、班后会；参加安全培训，学习事故通报，吸取教训，落实防范措施，防止同类事故重复发生。

②工作开工前，熟悉工作任务、安全措施和注意事项，参加工作的危险点分析，学习后在工作票相应栏内确认签名。

③每天认真进行设备巡回检查、工作环境检查，做好设备日常数据的采集、诊断、趋势分析，定期进行设备渗漏点检查、统计工作。

④正确使用安全工器具和劳动防护用品，熟悉现场环境，提高自我安全保护意识，杜绝"三违"现象发生。

⑤工器具与量具不落地，设备零部件不落地，油污不落地。检修工作结束后，应做到"工完、料净、场地清"。

⑥及时发现隐患并处理，大缺陷及时汇报处理。

33. 焊工

①未受过专门训练的人员不准进行焊接工作，必须持证上岗。

②工作前必须明确具体的工作内容，工作地点，安全措施，周围带电、带压部位和其他注意事项，以及对焊接工具和设备进行一次检查，禁止使用有缺陷的焊接工具和设备。

③使用中的氧气瓶和乙炔气瓶应垂直放置并固定起来，氧气瓶和乙炔气瓶的距离不得

小于 8m，安设在露天的气瓶，应采取措施，以免受到阳光曝晒。焊工要在规定范围内动火，必须拿到经过批准的动火工作票，并检查防火措施确已完备方可动火。

④正确使用安全工器具和劳动防护用品，熟悉现场环境，提高自我安全保护意识，杜绝"三违"现象发生。

⑤工器具与量具不落地，设备零部件不落地，油污不落地。检修工作结束后，应做到"工完、料净、场地清"。

⑥必须熟悉并认真执行安全规程中有关电焊和气焊的规定，严格执行"十不焊"制度。

34. 电工

①未受过专门训练的人员不准进行电工作业，必须持证上岗。

②工作前必须明确具体的工作内容、工作地点、安全措施、检修设备带电情况，作业时同带电设备保持安全距离。

③熟练掌握岗位操作技能和故障排除方法，做好日常巡回检查和交接班检查，及时发现和消除事故隐患，自己不能解决的应立即报告。

④正确使用安全工器具和劳动防护用品，熟悉现场环境，提高自我安全保护意识，杜绝"三违"现象发生。

⑤认真做好临时用电拆接及日常检查工作，对容易导致事故发生的重点部位进行经常性的监督、检查。

第三节 其他人员岗位安全职责

1. 化验室班长

①对本班组人员的人身安全和设备安全负有直接领导责任。

②指挥监督本班人员进行各种工质的分析化验；做好现场异常化验结果的跟踪化验；做好危险点分析、事故预想；遇到突发情况，组织好应急处理。

③正确使用安全工器具和劳动防护用品，做到"四不伤害"，杜绝"三违"现象发生。

④做好危化品的日常安全管理工作。

⑤负责组织召开班组安全日活动及班前、班后会；传达公司、部门的安全精神，参加安全培训，学习事故通报，吸取事故教训，落实防范措施，防止同类事故重复发生。

2. 化验室化验员

①在化验室班长的领导和指导下，完成日常的化验工作，发现异常结果时及时汇报班长。

②正确使用安全工器具和劳动防护用品，做到"四不伤害"，杜绝"三违"现象发生。

③对有毒有害和酸碱腐蚀造成的人身伤害及化验设备损坏等事故进行重点控制。

④参加班组安全日活动及班前、班后会；参加安全培训，学习事故通报，吸取教训，落实防范措施，防止同类事故重复发生。

3. 化学加药工

①在班长的领导和指导下，完成化学区域加药、配药工作。

②正确使用安全工器具和劳动防护用品，做到"四不伤害"，杜绝"三违"现象发生。

③对有毒有害和酸碱腐蚀造成的人身伤害事故进行重点控制。

④参加班组安全日活动及班前、班后会；参加安全培训，学习事故通报，吸取教训，落实防范措施，防止同类事故重复发生。

4. 燃料采样员

①按时参加班组安全日活动及班前、班后会；认真学习事故通报，吸取事故教训，落实防范措施，防止同类事故再次发生。

②严格执行采样机各项管理规定及"两票三制"，保证安全措施正确执行，对检修作业中存在的风险及时提出。

③认真进行采样机的检查，精心操作，保证采样机稳定运行，及时填写采样机运行中的缺陷。

④正确使用安全工器具和劳动防护用品，做到"四不伤害"，杜绝"三违"现象发生。

⑤采样机发生异常情况后，及时进行汇报并根据现场情况进行事故处理。

5. 燃料化验员

①按时参加班组安全日活动及班前、班后会；认真学习事故通报，吸取事故教训，落实防范措施，防止同类事故再次发生。

②严格执行化验室各项管理规定。

③认真进行化验设备的检查，精心操作，保证化验设备稳定运行，及时填写化验设备

运行中的缺陷。

④正确使用安全工器具和劳动防护用品，做到"四不伤害"，杜绝"三违"现象发生。

⑤化验设备发生异常情况后，及时进行汇报并根据现场情况联系相关人员处理。

6. 煤场作业机械司机

①按时参加班组安全日活动及班前、班后会；认真学习事故通报，吸取事故教训，落实防范措施，防止同类事故再次发生。

②严格执行煤场各项管理制度，保证煤场安全稳定运行。

③认真进行作业机械检查，精心操作，保证作业机械稳定运行，及时处理作业机械运行中的缺陷。

④正确使用安全工器具和劳动防护用品，做到"四不伤害"，杜绝"三违"现象发生。

⑤作业机械发生异常情况后，及时进行汇报并根据现场情况进行事故处理。

7. 燃料区域保洁员

①按时参加班组安全日活动及班前、班后会；认真学习事故通报，吸取事故教训，落实防范措施，防止同类事故再次发生。

②严格执行燃料区域保洁管理制度。

③认真进行保洁工作，确保现场无积煤、积粉。

④正确使用安全工器具和劳动防护用品，做到"四不伤害"，杜绝"三违"现象发生。

⑤现场发生异常情况后，及时进行汇报并根据现场情况进行退避。

8. 放灰渣操作工

①在除脱运行人员的管理下负责灰库、渣仓的放灰、放渣工作。

②正确使用安全工器具和劳动防护用品，做到"四不伤害"，杜绝"三违"现象发生。

③放灰期间负责设备的巡检和调整工作，放灰、放渣工作结束后，做好现场卫生的清理工作。

④参加每周的安全学习，参加公司安全培训，学习事故通报，吸取教训，落实防范措施，防止同类事故重复发生，并服从公司各项管理制度的管理。

9. 石灰石卸料操作工

①在除脱运行人员的管理下负责石灰石卸料工作。

②正确使用安全工器具和劳动防护用品，做到"四不伤害"，杜绝"三违"现象发生。

③石灰石卸料工作结束后，保持现场卫生良好。

④参加每周的安全学习，参加公司安全培训，学习事故通报，吸取教训，落实防范措施，防止同类事故重复发生，并服从公司各项管理制度的管理。

10. 石膏搬运操作工

①在除脱运行人员的管理下负责石膏搬运工作。

②正确使用安全工器具和劳动防护用品，做到"四不伤害"，杜绝"三违"现象发生。

③石膏搬运工作中，正确操作装载机；搬运工作结束后，保持现场卫生良好。

④参加每周的安全学习，参加公司安全培训，学习事故通报，吸取教训，落实防范措施，防止同类事故重复发生，并服从公司各项管理制度的管理。

11. 架子工

①脚手架的搭设、拆除作业是悬空、攀登高处作业。年龄不满18周岁者，不得从事高处作业。

②架子工是属国家规定的特种作业人员，必须经过有关部门进行安全技术培训、考试合格，持《特种作业操作证》上岗。

③高处作业人员，在无可靠安全防护设施时，必须先挂牢安全带后再作业。安全带应高挂低用，不准将绳打结使用，也不准将挂钩直接挂在安全绳上使用，应挂在连接环上使用。

④架子工必须熟悉和掌握各种架子的搭设标准，并严格按照标准执行，检查和维护架子结构的完整，及时解决防护隐患，并有权制止私拆架子的违章行为。

⑤提前做好架子防护设施，符合安全技术交底内容及操作规程，要会同项目工作负责人、安监人员进行脚手架搭设验收。

12. 起重设备维护工

①起重机机械安装维修人员必须经有关部门按规定进行安全技术培训，并经考试合格、取得资格证后方可上岗。

②起重设备维护过程中严格按操作规程和说明书的要求，进行进程序化作业，把好安全、质量关，绝不留下安全隐患。

③积极参加岗位练兵、岗位培训工作，确保持证上岗，不断提高业务技术水平，做好机械安装拆卸和检修记录。

④配合好技术人员定期对机械进行安全检查，发现问题立即处理。

13. 起重设备指挥人员

①起重机指挥人员必须经有关部门按规定进行安全技术培训，并经考试合格、取得资格证后方可上岗。

②指挥人员发出的指挥信号必须清晰、准确，应站在使操作人员能看清指挥信号的安全位置上，当跟随负载进行指挥时，应随时指挥负载避开人及障碍物。

③指挥大型起重设备时，应根据 GB 5082—1985《起重吊运指挥信号》的信号要求与操作人员进行联系。

④必须熟悉和掌握各种指挥的手势及必要的起重知识，加强自身学习，提高职业技能。

14. 起重设备操作人员

①起重机械操作人员必须经有关部门按规定进行安全技术培训，并经考试合格、取得资格证后方可上岗。

②作业前应检查起重机的工作范围，清除妨碍起重机行走及回转的障碍物。检查轨道是否平直，有无沉陷，轨距及高差是否符合规定。

③作业前应按照本机械的保养规定，执行各项检查和保养。

④起重机械操作人员应熟悉所操作起重机各机构的构造和技术性能，以及保养和维修的基本知识。

15. 电梯维护人员

①电梯维护人员必须经有关部门按规定进行安全技术培训，并经考试合格、取得资格证后方可上岗。

②遵守劳动纪律，尽责尽力完成所承担的电梯维修保养工作。

③努力学习科学知识，钻研技术业务，掌握一定的电梯基本知识和电工、电梯司机的操作技能，不断提高自己的综合素质。

④严格执行电梯维修保养操作规程、作业规范和各项规章制度，保证维修保养质量。

⑤及时反映、处理电梯不安全问题，积极参加事故抢救工作。

16．空调维护人员

①空调维护人员必须经有关部门按规定进行安全技术培训，并经考试合格、取得资格证后方可上岗。

②遵守劳动纪律，努力学习科学知识，钻研技术业务，不断提高自己的综合素质，尽责尽力完成所承担的空调维修保养工作。

③严格执行空调维修保养操作规程，作业规范和各项规章制度。保证维修保养质量。

④及时反映、处理不安全问题，积极参加事故抢救、调查工作。

17．主厂房保洁人员

①遵守公司各项规章制度，进入作业场所穿戴好劳动防护用品。

②参加公司、部门、班组组织的各项安全培训，熟知现场存在的危险点及防范措施。

③高处保洁人员不应患有高处作业禁忌疾病，作业时系好安全带。

④作业期间不在危险区域逗留，参加专业组织的安全交底防止误碰误动设备。

第五章

岗位危险点与防范措施描述

第一节　运行人员岗位危险点与防范措施

1. 值长

岗位存在的危险点：

①未掌握主要设备状况和系统运行方式。

②重大操作人员分配不合理，埋下异常和事故隐患。

③当班期间下达违规操作命令。

④对班组人员当班期间精神状态把握不清楚。

⑤布置重要工作时未交代安全隐患、危险因素等。

⑥在现场巡视或指挥工作时有存在物体打击、机械伤害、触电等各种危险因素。

⑦对班组成员思想意识和业务水平提升未进行及时掌握和了解，下令和发布任务时未掌握实际情况，导致管理上的失职造成异常或事故发生。

防范措施：

①及时掌握主要设备状况和系统运行方式，组织相关人员做好事故预想工作。

②在重大操作时要根据班组成员情况合理安排工作。

③核对操作任务后再下达操作命令。

④当班期间要及时了解本班组人员的身体和精神状况。

⑤布置重要工作时要进行危险因素分析。

⑥进入工作现场时要时刻对现场存在的各种危险因素进行辨识。

⑦及时掌握和了解班组成员的思想动态和技术水平。

2. 单元长

岗位存在的危险点：

①未全面掌握设备状况和系统运行方式。

②值班期间下达违规操作命令。

③对班组人员当班期间精神状态把握不清楚。

④布置工作时未交代安全隐患、危险因素等。

⑤重要操作未进行事故预想。

⑥重大操作人员分配不合理，埋下异常和事故隐患。

⑦在现场巡视或指挥工作时有存在物体打击、机械伤害、触电等各种危险因素。

防范措施：

①及时掌握主要设备状况和系统运行方式，组织相关人员做好事故预想工作。

②核对操作任务后再下达操作命令。

③当班期间要及时掌握本班组人员的身体和精神状况。

④布置工作时要进行危险因素分析。

⑤重要操作前进行事故预想工作。

⑥在重大操作时要根据班组成员情况合理安排工作。

⑦进入工作现场时要时刻对现场存在的各种危险因素进行辨识。

3. 集控主值

岗位存在的危险点：

①误接口令、误操作，导致异常或事故的发生。

②值班期间下达违规操作命令。

③操作监护不到位造成异常或事故发生。

④交接班未交接清，没能及时掌握运行状况造成异常发生。

⑤重大操作人员分配不合理，埋下异常和事故隐患。

⑥两票执行过程中未能按照规定进行两票把控，造成异常或事故发生。

⑦运行监视不认真导致异常发生。

⑧就地巡检、操作，容易发生高处坠落及高处落物危险。

⑨现场电气设备存在触电的危险。

⑩现场高温设备存在烫伤的危险。

⑪现场转动设备存在机械伤害的危险。

⑫生产区域粉尘浓度大、噪声大有造成职业病的危险。

防范措施：

①接到上级操作命令时要核对操作命令。

②核对操作任务无误后再下达操作命令。

③操作时要认真执行监护人职责。

④交接班时要及时了解和掌握本机组的运行状况。

⑤在重大操作时要根据班组成员情况合理安排工作。

⑥严格按照"两票"要求执行工作票和操作票。

⑦运行监视过程中认真监盘，及时查看报警，勤翻看监控画面。

⑧进入现场工作时要佩戴好安全帽，做好现场的危险辨识。

⑨进入现场工作时穿好绝缘鞋，并与带电设备保持安全距离，不误碰带电设备。

⑩现场巡检过程中应快速通过高温、高压水位计和蒸汽管道法兰、锅炉的看火孔和人孔门处。

⑪进入现场与转动设备保持安全距离。

⑫进入粉尘浓度大的生产区域要佩戴好防尘口罩，进入噪声大的生产区域要佩戴好耳塞。

4. 集控副值

岗位存在的危险点：

①误接口令、误操作，导致异常或事故的发生。

②运行监视不认真导致异常发生。

③交接班未交接清，没能及时掌握运行状况造成异常发生。

④操作监护不到位造成异常或事故发生。

⑤两票执行过程中未能按照正常规定进行两票把控，造成异常或事故发生。

⑥现场高温设备存在烫伤的危险。

⑦现场管路复杂处，容易发生人员绊倒等危险。

⑧现场电气设备存在触电的危险。

⑨现场转动设备存在机械伤害的危险。

⑩就地巡检、操作，容易发生高处坠落及高处落物的危险。

⑪生产区域粉尘浓度大、噪声大有造成职业病的危险。

防范措施：

①接到操作命令时要与发令人核对操作命令。

②运行监视过程中认真监盘，及时查看报警，勤翻看监控画面。

③交接班时要及时了解和掌握运行状况。

④操作时要认真执行监护人职责。

⑤严格按照"两票"要求执行工作票和操作票。

⑥现场巡检过程中应快速通过高温、高压水位计和蒸汽管道法兰、锅炉的看火孔和人

孔门处。

　　⑦进入到环境复杂的工作现场时，要观察好现场环境。

　　⑧进入现场工作时穿好绝缘鞋，并与带电设备保持安全距离，不误碰带电设备。

　　⑨进入现场与转动设备保持安全距离。

　　⑩进入现场工作时要佩戴好安全帽，做好现场的危险辨识。

　　⑪进入粉尘浓度大的生产区域要佩戴好防尘口罩，进入噪声大的生产区域要佩戴好耳塞。

5．集控巡检

岗位存在的危险点：

　　①误接口令、误操作，导致异常或事故的发生。

　　②现场管路复杂处，容易发生人员绊倒等危险。

　　③现场高温设备存在烫伤的危险。

　　④生产区域粉尘浓度大、噪声大有造成职业病的危险。

　　⑤就地巡检、操作，容易发生高处坠落及高处落物的危险。

　　⑥无票操作时易存在误操作或漏项操作造成损坏设备或人身危险事故。

　　⑦现场转动设备存在机械伤害的危险。

　　⑧现场电气设备存在触电的危险。

防范措施：

　　①接到操作命令时要与发令人核对操作命令。

　　②进入环境复杂的工作现场时要观察好现场环境。

　　③现场巡检过程中应快速通过高温、高压水位计和蒸汽管道法兰、锅炉的看火孔和人孔门处。

　　④进入粉尘浓度大的生产区域要佩戴好防尘口罩，进入噪声大的生产区域要佩戴好耳塞或耳罩。

　　⑤进入现场工作时要佩戴好安全帽，做好现场的危险辨识。

　　⑥在运行操作时要严格执行操作票，按照操作票逐项操作。

　　⑦进入现场与转动设备保持安全距离。

　　⑧进入现场工作时穿好绝缘鞋，并与带电设备保持安全距离，不误碰带电设备。

6．化学值班员

岗位存在的危险点：

①误接口令、误操作，导致异常或事故的发生。

②运行监视不认真导致异常发生。

③操作监护不到位造成异常或事故发生。

④交接班交接不清楚，没能及时掌握运行状况造成异常发生。

⑤重大操作人员分配不合理，埋下异常和事故隐患。

⑥两票执行过程中未能按照正常规定进行两票把控，造成异常或事故发生。

⑦氢站和氨区存在发生火灾、爆炸危险。

⑧氨区存在氨气中毒危险。

⑨化学药品操作发生中毒、灼烫危险。

⑩现场巡视或工作时高处落物危险。

⑪井下阀门操作，通风不畅，发生人员窒息危险。

⑫汽水取样操作时，由于高温高压管道发生泄漏，造成烫伤危险。

⑬压力容器操作时，操作不当或设备发生泄漏，出现爆破伤人危险。

⑭现场转动设备存在机械伤害危险。

⑮现场电气设备存在触电危险。

防范措施：

①接到操作命令时要与发令人核对操作命令。

②运行监视过程中认真监盘，及时查看报警，勤翻看监控画面。

③操作时要认真执行监护人职责。

④交接班时要及时了解和掌握本专业的运行状况。

⑤在重大操作时要根据专业人员情况合理安排工作。

⑥严格按照"两票"要求执行工作票和操作票。

⑦进入氢站和氨区要严格遵守安全管理制度。

⑧氨区进行操作时保持现场通风，并正确佩戴安全防护用品。

⑨在使用化学药品时正确佩戴好防护用品。

⑩现场巡视或工作时佩戴好安全帽，不在无关检修区域逗留，防止发生物体打击事件。

⑪井下阀门操作时，要先通风，再检测，最后进行操作。

⑫汽水取样操作时要佩戴好防护用品。

⑬压力容器操作时要按照运行规程进行操作。

⑭进入现场与转动设备保持安全距离。

⑮进入现场工作时穿好绝缘鞋，并与带电设备保持安全距离，不误碰带电设备。

7. 化学巡检

岗位存在的危险点：

①误接口令、误操作，导致异常或事故的发生。

②化学药品操作发生中毒、腐蚀危险。

③现场巡检或工作时高处落物危险。

扫码看视频⑤
化学巡检岗位
危险点与防范
措施

④汽水取样操作时，由于高温高压管道发生泄漏，造成烫伤危险。

⑤氨区存在氨气中毒危险。

⑥压力容器操作时，操作不当或设备发生泄漏，出现爆破伤人危险。

⑦井下阀门操作通风不畅，发生人员窒息危险。

⑧氢站和氨区存在发生火灾、爆炸危险。

⑨无票操作时易存在误操作或漏项操作造成损坏设备或人身危险事故。

⑩现场电气设备存在触电危险。

防范措施：

①接到操作命令时要与发令人核对操作命令。

②在使用化学药品时正确佩戴好防护用品。

③现场工作时佩戴好安全帽，不在无关检修区域逗留，防止发生物体打击事件。

④汽水取样操作时要佩戴好防护用品。

⑤氨区进行操作时保持现场通风并正确佩戴安全防护用品。

⑥严格按照运行规程进行压力容器操作，避免出现误操作。

⑦井下阀门操作时，要先通风，再检测，最后进行操作。

⑧进入氢站和氨区要严格遵守安全管理制度。

⑨在运行操作时要严格执行操作票，按照操作票逐项操作。

⑩进入现场工作时穿好绝缘鞋，并与带电设备保持安全距离，不误碰带电设备。

8. 除脱值班员

岗位存在的危险点：

①误接口令、误操作，导致异常或事故的发生。

②双机组 DCS 操作画面同一电脑，易导致误操作，造成设备损害或人身危险。

③运行监视不认真导致异常发生。

④操作监护不到位造成异常或事故发生。

⑤交接班交接不清楚，没能及时掌握运行状况造成异常发生。

⑥重大操作人员分配不合理，埋下异常和事故隐患。

⑦两票执行过程中未能按照规定进行两票把控，造成异常或事故发生。

⑧现场转动设备存在机械伤害的危险。

⑨现场存在高温烫伤的危险。

⑩现场电气设备存在触电的危险。

⑪现场管路复杂处，容易发生人员绊倒等危险。

⑫就地巡检、操作，容易发生高处坠落及高处落物危险。

⑬生产区域粉尘浓度大、噪声大容易造成职业病的危险。

防范措施：

①接到操作命令时要与发令人核对操作命令。

②操作前核对好设备后再进行操作。

③运行监视过程中认真监盘，及时查看报警，勤翻看画面。

④重大操作时严格执行监护制度。

⑤交接班时要及时了解和掌握本专业的运行状况。

⑥在重大操作时要根据专业人员情况合理安排工作。

⑦严格按照"两票"要求执行工作票和操作票。

⑧进入现场与转动设备保持安全距离。

⑨现场巡检过程中应快速通过高温高压设备。

⑩进入现场工作时穿好绝缘鞋，并与带电设备保持安全距离，不误碰带电设备。

⑪进入到环境复杂的工作现场时要观察好现场环境。

⑫进入现场工作时要佩戴好安全帽，做好现场的危险辨识。

⑬生产区域粉尘浓度大时要佩戴好防尘口罩，噪声大时要佩戴好耳塞或耳罩。

9. 除脱巡检

岗位存在的危险点：

①误接口令、误操作，导致异常或事故的发生。

②走错间隔，操作时发生误操作。

③现场电气设备存在触电的危险。

④就地巡检、操作，容易发生高处坠落及高处落物危险。

⑤生产区域粉尘浓度大、噪声大容易造成职业病的危险。

⑥现场存在高温烫伤的危险。

⑦无票操作时存在误操作或漏项易造成损坏设备或人身危险事故。

⑧现场管路复杂处，容易发生人员绊倒等危险。

⑨现场转动设备存在机械伤害的危险。

防范措施：

①接到操作命令时要与发令人核对操作命令。

②操作前要核对设备名称。

③进入现场工作时穿好绝缘鞋，并与带电设备保持安全距离，不误碰带电设备。

④进入现场工作时要佩戴好安全帽，做好现场的危险辨识。

⑤生产区域粉尘浓度大时要佩戴好防尘口罩，噪声大时要佩戴好耳塞或耳罩。

⑥现场巡检过程中应快速通过高温高压设备。

⑦在运行操作时要严格执行操作票，按照操作票逐项操作。

⑧进入到环境复杂的工作现场时要观察好现场环境。

⑨进入现场与转动设备保持安全距离。

10. 输煤运行主值

岗位存在的危险点：

①进入输煤现场有机械伤害的风险。

②电气操作有触电的风险。

③操作时有误操作的风险。

④发令操作有违章指挥的风险。

防范措施：

①进入输煤现场远离转动机械。

②电气操作时按票进行，做好防护措施。

③操作时认真思考，二次确认。

④操作按照规程进行，禁止违章指挥、冒险作业。

11. 输煤运行副值

岗位存在的危险点：

①进入输煤现场有机械伤害的风险。

②电气操作有触电的风险。

③操作时有误操作的风险。

④发令操作有违章指挥的风险。

防范措施：

①进入输煤现场远离转动机械。

②电气操作时按票进行，做好防护措施。

③操作时认真思考，二次确认。

④操作按照规程进行，禁止违章指挥、冒险作业。

12. 输煤运行巡检

岗位存在的危险点：

扫码看视频⑥
输煤巡检岗位
危险点与防范
措施描述

①走错间隔，操作时发生误操作。

②就地巡检、操作，容易发生机械伤害。

③现场电气设备存在人身触电风险。

④输煤栈桥上下有滑倒、跌落的风险。

⑤现场粉尘浓度大容易造成尘肺病。

防范措施：

①操作时确认设备双重编号正确。

②巡检、操作应远离转动设备，禁止伸手进入设备护罩内。

③操作电气设备应确认电气设备无漏电现象，地面干燥，无乱拉、乱接电缆现象。

④输煤栈桥内严禁跨越和底部穿越皮带，上下楼梯站稳扶好。

⑤现场粉尘浓度大，巡检时戴好防尘口罩等劳动防护用品。

13. 斗轮机司机

岗位存在的危险点：

①斗轮机上行走时有滑倒坠落的风险。

②斗轮机巡视时有机械伤害的危险。

③斗轮机上电气设备存在人身触电的风险。

④斗轮机回转时有触碰煤堆或煤场设施的风险。

⑤煤场粉尘浓度大容易造成尘肺病。

防范措施：

①斗轮机上行走时应观察慢行并扶好栏杆。

②斗轮机巡视时小心靠近转动设备，禁止伸手进入设备护罩。

③斗轮机上操作电气设备时，应确认电气设备完好无损、无漏电现象。

④斗轮机回转时应前后观察仔细，禁止盲目操作。

⑤煤场粉尘浓度大应戴好防尘口罩等劳动防护用品。

14. 翻车机司机

岗位存在的危险点：

①翻车机区域内行走时有滑倒坠落的风险。

②翻车机巡视时有机械伤害的危险。

③跨越轨道及调车设备存在车辆碰撞挤压的风险。

④粉尘浓度大容易造成尘肺病。

防范措施：

①翻车机区域内行走时应观察慢行并扶好栏杆。

②翻车机巡视时小心靠近转动设备，禁止伸手进入设备护罩。

③禁止跨越轨道及调车设备，车辆进入后禁止进入调车机区域。

④翻卸中粉尘浓度大，应戴好防尘口罩等劳动防护用品。

第二节　**检修人员岗位危险点与防范措施**

1．汽机维护班班长

岗位存在的危险点：

①高温高压管道烫伤、烧伤。

②酸碱等化学品灼伤、中毒。

③受限空间作业导致窒息。

④误碰带电设备造成触电伤害。

⑤高处落物伤害。

⑥作业过程中违章指挥。

防范措施：

①日常巡视过程中远离高温高压管道，防止发生烫伤、烧伤。

②日常巡视过程中远离酸碱管道，防止发生化学品灼伤、中毒。

③检查受限空间作业时穿戴好防护用品，防止窒息。

④远离带电设备，不随意触碰带电设备，防止发生触电伤害。

⑤现场巡视时戴好安全帽，不在无关检修区域逗留，防止发生高处落物受伤。

⑥严格按照作业规程安排工作，杜绝发生违章指挥。

2．汽机维护班安全员

岗位存在的危险点：

①高温高压管道烫伤、烧伤。

②酸碱等化学品灼伤、中毒。

③受限空间作业导致窒息。

④误碰带电设备造成触电伤害。

⑤高处落物伤害。

⑥作业过程中违章指挥。

防范措施：

①日常巡视过程中远离高温高压管道，防止发生烫伤、烧伤。

②日常巡视过程中远离酸碱管道，防止发生化学品灼伤、中毒。

③检查受限空间作业时穿戴好防护用品，防止窒息。

④远离带电设备，不随意触碰带电设备，防止发生触电伤害。

⑤现场巡视时戴好安全帽，不在无关检修区域逗留，防止发生高处落物受伤。

⑥严格按照作业规程安排工作，杜绝发生违章指挥。

3. 汽机维护班工作负责人

岗位存在的危险点：

①由于安全措施执行不当导致机械伤害，误入其他设备间隔导致的机械伤害。

②接触高温管道时导致汽水烫伤。

③高处作业导致高处坠落。

④使用工器具造成的物体打击伤害。

⑤作业过程中违章指挥，监护职责履行不到位，导致失去监护，发生设备损坏、人身伤害。

防范措施：

①防止安全措施执行不当导致机械伤害，工作前检查安全措施已执行；核对设备位置，防止误入其他设备间隔导致的机械伤害；工作现场做好隔离警戒，防止他人误入。

②工作前检查检修管段的疏水门打开泄压，防止阀门不严有水或蒸汽在管道内；工作时穿戴好防护用品，防止汽水烫伤。

③登高作业正确佩戴合格的安全带，高挂低用，脚手架按规定验收签字，防止高处坠落。

④工作前认真检查工器具合格，熟悉操作规程，正确穿戴劳动防护用品，防止使用不当造成的伤害。

⑤开工后工作负责人应始终在现场对工作班组成员认真监护，及时纠正不安全的行为，拒绝下达违反安全工作规程规定的指令。

4. 汽机维护班工作班成员

岗位存在的危险点：

①由于安全措施执行不当或误入其他设备间隔导致的机械伤害。

②接触高温管道时导致汽水烫伤。

③使用工器具造成的物体打击伤害。

④作业中误碰带电设备造成的触电伤害。

⑤高处作业导致高处坠落、高处落物伤人。

防范措施：

①防止安全措施执行不当导致机械伤害，工作前检查安全措施已执行；核对设备位置，防止误入其他设备间隔导致的机械伤害；工作现场做好隔离警戒，防止他人误入。

②正确佩戴防烫护具，防止接触高温管道时导致汽水烫伤；拆除法兰时按照检修规程操作。

③工作前认真检查工器具合格，熟悉操作规程防止发生机械伤害。拒绝执行违反安全工作规程规定的，以及危及人身、设备安全的指挥。

④作业中与带电设备保持安全距离，正确使用电工工器具，防止触电。

⑤登高作业正确佩戴合格的安全带，高挂低用，脚手架按规定验收签字，防止高处坠落，高处作业应使用工具袋上下传递不得上下抛物，工作地点下方设置禁止通行警戒带，防止高处落物伤人。

5. 锅炉维护班班长

岗位存在的危险点：

①高温高压管道烫伤、烧伤。

②由于粉尘、噪声导致危害职业健康。

③受限空间作业导致窒息。

④误碰转动设备造成的机械伤害。

⑤高处落物伤害。

⑥作业过程中违章指挥。

防范措施：

①日常巡视过程中远离高温高压管道，防止发生烫伤、烧伤。

②日常巡视过程戴防尘口罩、耳塞等劳动防护用品，防止由于粉尘、噪声导致危害。

③检查受限空间作业时穿戴好防护用品，防止窒息。

④与设备转动部位保持安全距离，防止误碰转动设备造成的机械伤害。

⑤现场巡视时戴好安全帽，不在无关检修区域逗留，防止发生高处落物受伤。

⑥严格按照作业规程安排工作，杜绝发生违章指挥。

6. 锅炉维护班安全员

岗位存在的危险点：

①高温高压管道烫伤、烧伤。

②由于粉尘、噪声导致危害职业健康。

③受限空间作业导致窒息。

④误碰转动设备造成的机械伤害。

⑤高处落物伤害。

⑥作业过程中违章指挥。

防范措施：

①日常巡视过程中远离高温高压管道，防止发生烫伤、烧伤。

②日常巡视过程戴防尘口罩、耳塞等劳动防护用品，防止由于粉尘、噪声导致危害职业健康。

③检查受限空间作业时穿戴好防护用品防止窒息。

④与设备转动部位保持安全距离，防止误碰转动设备造成的机械伤害。

⑤现场巡视时戴好安全帽，不在无关检修区域逗留，防止发生高处落物受伤。

⑥严格按照作业规程安排工作杜绝发生违章指挥。

7. 锅炉维护班工作负责人

岗位存在的危险点：

①由于安全措施执行不当导致机械伤害，误入其他设备间隔导致的机械伤害。

②粉尘浓度超限导致火灾、爆炸危险。

③高处作业导致高处坠落。

④安全措施未全部执行导致烫伤。

⑤作业过程中违章指挥，监护职责履行不到位，导致失去监护，发生设备损坏、人身伤害。

⑥由于粉尘导致危害职业健康。

防范措施：

①防止安全措施执行不当导致机械伤害，工作前检查安全措施已执行；核对设备位置，防止误入其他设备间隔导致的机械伤害；工作现场做好隔离警戒，防止他人误入。

②工作场所要保持良好通风，定期检测可燃气体浓度在合格范围内，防止粉尘浓度超限导致火灾、爆炸危害。

③登高作业正确佩戴合格的安全带，高挂低用，脚手架按规定验收签字，高处作业应使用工具袋上下传递不得上下抛物，工作地点下面禁止通行应有警戒隔离措施，防止高处作业发生高处坠落、高处落物伤害。

④作业前戴防烫手套，穿防烫工作服，戴好防护面具，工作时应站在灰渣门的一侧，斜着使用工具，防止高温未燃尽灰喷出导致烧伤、烫伤。

⑤开工后工作负责人应始终在现场对工作班组成员认真监护，及时纠正不安全的行为，拒绝下达违反安全工作规程规定的指令。

⑥应佩戴防尘口罩、防护眼镜、手套等劳动防护用品，防止由于粉尘导致的职业健康危害。

8. 锅炉维护班工作班成员

岗位存在的危险点：

①动火作业发生火灾、爆炸。

②高处作业发生高处坠落、高处落物伤人。

③使用工器具造成的物体打击伤害。

④作业中由于粉尘导致危害职业健康。

⑤高温未燃尽灰喷出导致烧伤，烫伤。

防范措施：

①应办理动火工作票，作业前检查并清理工作现场易燃易爆物品，并做好防止发生火灾的安全措施，工作现场放置合格的灭火器，防止周围存放易燃易爆物品导致发生火灾、爆炸。

②登高作业正确佩戴合格的安全带，高挂低用，脚手架按规定验收签字，高处作业应使用工具袋上下传递不得上下抛物，工作地点下面禁止通行应有警戒隔离措施，防止高处作业时发生高处坠落、高处落物。

③工作前认真检查工器具合格，并按照规定使用，正确穿戴劳动防护用品，防止使用工器具时发生物体打击伤害。

④应佩戴防尘口罩、防护眼镜、手套等劳动防护用品，防止由于粉尘导致危害。

⑤作业前戴防烫手套，穿防烫工作服，戴好防护面具，工作时应站在灰渣门的一侧，斜着使用工具，防止高温未燃尽灰喷出导致烧伤、烫伤。

9. 电气一次维护班班长

岗位存在的危险点：

①高温高压管道烫伤、烧伤。

②由于粉尘、噪声导致危害职业健康。

③误碰转动设备造成的机械伤害。

④误碰带电设备造成的触电伤害。

⑤高处落物伤害。

⑥作业过程中违章指挥。

防范措施：

①日常巡视过程中远离高温高压管道，防止发生烫伤、烧伤。

②日常巡视过程戴防尘口罩、耳塞等劳动防护用品，防止由于粉尘、噪声导致危害职业健康。

③与设备转动部位保持安全距离，防止误碰转动设备造成的机械伤害。

④远离带电设备，不随意触碰带电设备，防止发生触电伤害，进出配电室随手锁门，防止他人误入发生触电伤害。

⑤现场巡视时戴好安全帽，不在无关检修区域逗留，防止发生高处落物受伤。

⑥严格按照作业规程安排工作，杜绝发生违章指挥。

10. 电气一次维护班安全员

岗位存在的危险点：

①高温高压管道烫伤、烧伤。

②由于粉尘、噪声导致危害职业健康。

③误碰转动设备造成的机械伤害。

④误碰带电设备造成的触电伤害。

⑤高处落物伤害。

⑥作业过程中违章指挥。

防范措施：

①日常巡视过程中远离高温高压管道，防止发生烫伤、烧伤。

②日常巡视过程戴防尘口罩、耳塞等劳动防护用品，防止由于粉尘、噪声导致危害职业健康。

③与设备转动部位保持安全距离，防止误碰转动设备造成的机械伤害。

④远离带电设备，不随意触碰带电设备，防止发生触电伤害，进出配电室随手锁门，防止他人误入发生触电伤害。

⑤现场巡视时戴好安全帽，不在无关检修区域逗留，防止发生高处落物受伤。

⑥严格按照作业规程安排工作，杜绝发生违章指挥。

11．电气一次维护班工作负责人

岗位存在的危险点：

①工作地点、任务不明确导致走错间隔触电。

②安全措施未执行导致触电。

③设备试转时发生机械伤害。

④使用工器具造成物体打击伤害。

⑤工作班成员状态不好导致误碰带电设备触电。

防范措施：

①作业前核对设备名称、编号或者在工作地点设置遮拦和安全警示标识牌，防止工作地点、任务不明确导致走错间隔触电。

②开工前认真检查安全措施已执行，防止安全措施未执行导致的触电。

③设备试运前所有人员应先远离，站在转动机械的轴向位置，以防转动部分飞出伤人，防止设备试转时发生物体打击伤害。

④工作前认真检查工器具合格，熟悉操作规程，正确穿戴劳动防护用品，防止使用不当造成的伤害。

⑤开工后应始终在现场对工作班组成员认真监护，及时纠正不安全的行为，拒绝下达违反安全工作规程规定的指挥。

12. 电气一次维护班工作班成员

岗位存在的危险点：

①工作地点、任务不明确导致走错间隔触电。

②安全措施未执行导致触电。

③使用工器具造成物体打击伤害。

④设备试转时发生机械伤害。

⑤作业中未佩戴劳动防护用品导致误碰带电设备触电。

防范措施：

①作业前核对设备名称、编号或者在工作地点设置遮拦和安全警示标识牌，防止工作地点、任务不明确导致走错间隔触电。

②开工前会同工作许可人认真检查安全措施已执行到位，防止安全措施未执行导致的触电。

③工作前认真检查工器具合格，熟悉操作规程，正确穿戴劳动防护用品，防止使用不当造成的伤害。

④注意衣服、擦拭材料及随身物件不要被设备挂住，要扣紧袖口，做好防滑等措施，防止设备试转时发生机械伤害。

⑤防止作业中未佩戴劳动防护用品导致的误碰带电设备触电，应穿绝缘鞋或站在干燥的绝缘物上，并戴绝缘手套和护目眼镜，穿全棉长袖工作服，设专人监护。

13. 电气二次维护班班长

岗位存在的危险点：

①高温高压管道烫伤、烧伤。

②机械转动部分人身伤害。

③人身触电伤害。

④误碰带电设备造成的触电伤害。

⑤测量电源量工器具绝缘不良导致人身触电。

⑥作业过程中违章指挥。

防范措施：

①日常巡视过程中远离高温高压管道，防止发生烫伤、烧伤。

②现场消缺试运机械转动部分时，应保持安全距离，防止机械伤害。

③工作前先验电，确认带电部分后再进行工作。

④远离带电设备，不随意触碰带电设备，防止发生触电伤害。

⑤现场工作时检测电压、电流量使用绝缘合格的工器具，防止工器具不合格导致人身触电。

⑥严格按照作业规程安排工作，杜绝发生违章指挥。

14. 电气二次维护班安全员

岗位存在的危险点：

①工作地点、任务不明确导致走错间隔触电。

②安全措施未执行导致触电。

③使用不合格的工器具导致设备损坏。

④设备试转时发生机械伤害。

⑤检修废物资随意存放导致破坏环境。

⑥人身触电伤害。

防范措施：

①工作前认真核对设备名称及 KKS 码，防止走错间隔。

②执行工作票前，先确认所做安全措施是否到位、合格，满足开工要求时进行开工。

③现场工作时检测电压、电流量使用绝缘合格的工器具，防止工器具不合格导致人身触电。

④现场消缺试运机械转动部分时应保持安全距离，防止机械伤害。

⑤工器具与量具不落地，设备零部件不落地，油污不落地。检修工作结束后，应做到"工完、料净、场地清"。

⑥工作前先验电，确认带电部分后再进行工作。

15. 电气二次维护班工作负责人

岗位存在的危险点：

①工作班成员误走错间隔。

②高温区域作业时发生烫伤危险。

③高处作业发生高处坠落及高处落物。

④设备停电未进行验电易造成人身触电。

扫码看视频⑦
电气二次工作
负责人岗位危
险点与防范措
施描述

⑤由于粉尘导致的职业健康危害。

⑥误碰带电设备造成的触电伤害。

防范措施：

①工作前认真核对设备名称及 KKS 码，防止走错间隔。

②试运转机设备应与高温高压部分保持安全距离，防止人身伤害。

③高处作业时应防止工器具及备件高处作业，交叉作业时注意高处坠物。

④设备停电后先验电，确认无电后再进行工作。

⑤在恶劣环境工作时必须佩戴安全防护器具，防止粉尘导致人身伤害。

⑥工作时明确带电部位，应与带电部位保持安全距离，防止人身触电。

16. 电气二次维护班工作班成员

岗位存在的危险点：

①测点位置及接线位置不清楚，走错间隔，误动设备导致设备损坏。

②设备停电未进行验电易造成人身触电。

③作业中未佩戴劳动防护用品导致的误碰带电设备触电。

④检修后检查不仔细导致物品遗留损坏设备。

⑤工作班成员状态不好导致误碰带电设备触电。

⑥由于粉尘导致的职业健康危害。

防范措施：

①工作前认真核对设备图纸，开工前认真核对设备名称及 KKS 码，防止误入带电间隔。

②设备停电后先验电，确认无电后再进行工作。

③工作时必须佩戴安全防护用品，工作时必须两人或两人以上进行工作，其中一个进行监护工作。

④检修工作完成后拆除备件及工器具进行清点，防止将工器具遗留在设备运行间隔内导致设备损坏。

⑤作为工作班成员，精神不振、状态不好的禁止进入现场工作，防止误入带电间隔导致人身触电。

⑥在恶劣环境工作时必须佩戴安全防护器具，防止粉尘导致人身伤害。

17. 热控维护班班长

岗位存在的危险点：

①作业过程中违章指挥。

②布置工作地点、任务不明确导致走错间隔。

③使用不合格的工器具导致设备损坏。

④触碰高温高压管道导致烫伤、烧伤。

⑤误碰带电设备造成触电伤害。

⑥高处落物伤害。

⑦靠近转动机械发生机械伤害。

防范措施：

①严格按照作业规程安排工作，杜绝发生违章指挥。

②安排工作任务时，明确设备名称及工作内容，防止走错间隔。

③对使用工器具定期进行检查、更换，防止员工使用不合格的工具导致设备损坏。

④日常巡视过程中远离高温高压管道，防止发生烫伤、烧伤。

⑤远离带电设备，不随意触碰带电设备，防止发生触电伤害。

⑥现场巡视时戴好安全帽，不在无关检修区域逗留，防止发生高处落物受伤。

⑦在转动机械旁工作时，注意着装，防止有衣架、线头搅入机械中造成伤人。

18. 热控维护班安全员

岗位存在的危险点：

①工作地点、任务不明确导致走错间隔，误碰带电设备导致人身触电。

②使用不合格的工器具或检修后物品遗留导致设备损坏。

③作业中未佩戴劳动防护用品发生职业健康伤害。

④高温区域作业发生烫伤及长时间作业发生中暑。

⑤高处作业发生高处坠落及高处落物。

⑥靠近转动机械发生机械伤害。

防范措施：

①开工前办理工作票，联系运行人员确定设备名称及编号，开工前先验电，确定无电后开始工作，所有未验电的设备均视为带电设备。

②开工前检查相关工器具，对不合格的工器具进行更换，工作完成后，按照"五不结

束"原则检查确认工作完成。

③工作时按照工作环境，佩戴相应的劳动防护用品。

④日常巡视及日常工作中远离高温高压管道，防止发生烫伤、烧伤，在高温区域长时间作业，注意人员轮换休息，及时补充水分，防止中暑。

⑤作业正确佩戴合格的安全带，高挂低用，脚手架按规定验收合格签字后使用，防止高处作业导致高处坠落。高处作业应使用工具袋上下传递不得上下抛物，工作地点下面禁止通行应有警戒隔离措施，防止高处落物伤人。现场巡视时戴好安全帽，不在无关检修区域逗留，防止发生高处落物受伤。

⑥在转动机械旁工作时，注意着装，防止有衣架、线头搅入机械中造成伤人。

19. 热控维护班工作负责人

岗位存在的危险点：

①工作地点、任务不明确导致走错间隔，误碰带电设备导致人身触电。

②使用不合格的工器具或检修后物品遗留导致设备损坏。

③作业中未佩戴劳动防护用品导致损害人身健康。

④高温区域作业发生烫伤及长时间作业发生中暑。

⑤高处作业发生高处坠落及高处落物。

⑥靠近转动机械发生机械伤害。

⑦作业过程中违章指挥。

防范措施：

①开工前办理工作票，联系运行人员确定设备名称及编号，并告知工作班成员工作范围及工作内容，开工前先验电，确定无电后开始工作，所有未验电的设备均视为带电设备。

②开工前检查相关工器具，对不合格的工器具进行更换，工作完成后，按照"五不结束"原则检查确认工作完成。

③工作时按照工作环境，督促工作班成员佩戴相应的劳动防护用品。

④日常巡视及日常工作中远离高温高压管道，防止发生烫伤、烧伤，在高温区域长时间作业，注意工作班成员轮换休息，及时补充水分，防止中暑。

⑤作业正确佩戴合格的安全带，高挂低用，脚手架按规定验收合格签字后使用，防止高处作业导致高处坠落。高处作业应使用工具袋上下传递不得上下抛物，工作地点下面禁止通行应有警戒隔离措施，防止高处落物伤人。现场巡视时戴好安全帽，不在无关检修区

域逗留防止发生高处落物受伤。

⑥在转动机械旁工作时，注意自己及工作班成员的着装，防止有衣架、线头搅入机械中造成伤人。

⑦严格按照作业规程安排工作，杜绝发生违章指挥。

20．热控维护班工作班成员

岗位存在的危险点：

①工作地点、任务不明确导致走错间隔，误碰带电设备导致人身触电。

②作业中未佩戴劳动防护用品导致损害人身健康。

③高温区域作业发生烫伤及长时间作业发生中暑。

④高处作业发生高处坠落及高处落物。

⑤靠近转动机械发生机械伤害。

防范措施：

①开工前查看工作票并签字，确定设备名称及编号，牢记工作任务及工作内容，开工前先验电，确定无电后开始工作，所有未验电的设备均视为带电设备。

②工作时按照工作环境佩戴相应的劳动防护用品。

③日常巡视及日常工作中远离高温高压管道，防止发生烫伤、烧伤；在高温区域长时间作业，注意人员轮换休息，及时补充水分，防止中暑。

④作业时正确佩戴合格的安全带，高挂低用，脚手架按规定验收合格签字后使用，防止高处作业导致高处坠落。高处作业应使用工具袋上下传递不得上下抛物，工作地点下面禁止通行应有警戒隔离措施，防止高处落物伤人。现场巡视时戴好安全帽，不在无关检修区域逗留，防止发生高处落物受伤。

⑤在转动机械旁工作时，注意着装，防止有衣架、线头搅入机械中造成伤人。

21．除脱维护班班长

岗位存在的危险点：

①由于粉尘、噪声导致危害职业健康。

②受限空间作业导致窒息。

③误碰转动设备造成机械伤害。

④高处落物伤害。

⑤作业过程中违章指挥。

防范措施：

①日常巡视过程戴防尘口罩、耳塞等劳动防护用品，防止由于粉尘、噪声导致危害职业健康。

②检查受限空间作业时穿戴好防护用品，防止窒息。

③与设备转动部位保持安全距离，防止误碰转动设备造成的机械伤害。

④现场巡视时戴好安全帽，不在无关检修区域逗留，防止发生高处落物受伤。

⑤严格按照作业规程安排工作，杜绝发生违章指挥。

22. 除脱维护班安全员

岗位存在的危险点：

①由于粉尘、噪声导致危害职业健康。

②受限空间作业导致窒息。

③误碰转动设备造成机械伤害。

④高处落物伤害。

⑤作业过程中违章指挥。

防范措施：

①日常巡视过程戴防尘口罩、耳塞等劳动防护用品，防止由于粉尘、噪声导致危害职业健康。

②检查受限空间作业时穿戴好防护用品，防止窒息。

③与设备转动部位保持安全距离，防止误碰转动设备造成的机械伤害。

④现场巡视时戴好安全帽，不在无关检修区域逗留，防止发生高处落物受伤。

⑤严格按照作业规程安排工作，杜绝发生违章指挥。

23. 除脱维护班工作负责人

岗位存在的危险点：

①高处作业发生高处坠落、落物伤人。

②作业空间氧气含量不足导致窒息。

③动火作业发生火灾。

④使用工器具时发生物体打击伤害。

⑤照明不足导致人员碰伤。

⑥安全措施未执行导致转动机械伤害。

防范措施：

①登高作业正确佩戴合格的安全带，高挂低用，脚手架按规定验收签字，防止高处作业发生高处坠落伤害。高处作业应使用工具袋上下传递不得上下抛物，工作地点下面禁止通行应有警戒隔离措施，防止高处落物伤人。

②作业前办理受限空间作业许可手续，提前进行通风，进入前检测氧气含量在19.5%～21.5%，有毒有害气体在合格范围内，防止作业空间氧气含量不足导致窒息。

③持票作业并定期检测可燃气体浓度在合格范围内，在动火区域下方铺设防火毯或挂好接火盆，放置消防器材，设专人监护，随时对工作地点进行防火检查，防止动火作业发生火灾。

④工作前认真检查工器具合格，并按照规定使用，正确穿戴劳动防护用品，防止使用工器具造成的物体打击伤害。

⑤作业前检查工作照明充足，进入容器内使用的行灯电压不得超过12V，防止内部照明不足导致的人员碰伤。

⑥开工前认真检查安全措施已执行到位，防止安全措施未执行导致转动机械伤害。

24. 除脱维护班工作班成员

岗位存在的危险点：

①作业空间氧气含量不足导致窒息。

②高处作业发生高处坠落、高处落物伤人。

③使用工器具造成的物体打击伤害。

④作业时由于粉尘导致危害职业健康。

⑤误入其他间隔导致的机械伤害。

⑥工作前未放电导致的触电。

防范措施：

①作业前办理受限空间作业许可手续，提前进行通风，进入前检测氧气含量在19.5%～21.5%，有毒有害气体在合格范围内，防止作业空间氧气含量不足导致窒息。

②登高作业正确佩戴合格的安全带，高挂低用，脚手架按规定验收签字，高处作业应使用工具袋上下传递不得上下抛物，工作地点下面禁止通行应有警戒隔离措施，防止高处

作业时发生高处坠落、高处落物。

③工作前认真检查工器具合格，并按照规定使用，正确穿戴劳动防护用品，防止使用工器具时发生物体打击伤害。

④应佩戴防尘口罩、防护眼镜、手套等劳动防护用品，防止由于粉尘导致危害职业健康。

⑤认清设备位置，熟悉现场设备，勿走错间隔，工作现场做好隔离警戒防止他人误入。

⑥进入电除尘器内部前，对阴极线进行验电，并接地，防止工作前未放电导致的触电。

25．输煤维护班班长

岗位存在的危险点：

①误碰转动机械发生机械伤害。

②误入带电间隔发生触电。

③误碰转动皮带发生绞伤。

④未佩戴劳动防护用品发生职业健康危害。

⑤作业过程中违章指挥。

防范措施：

①巡视中远离设备转动部分，试转中远离试运设备。

②巡视过程中不随意进入带电区域。

③按照安规要求着装，跨越皮带走专用通道。

④正确佩戴劳动防护用品，防止粉尘伤害。

⑤严格按照作业规程安排工作，杜绝发生违章指挥。

26．输煤维护班安全员

岗位存在的危险点：

①误碰转动机械发生机械伤害。

②误入带电间隔发生触电。

③误碰转动皮带发生绞伤。

④未佩戴劳动防护用品发生职业健康危害。

⑤作业过程中违章指挥。

防范措施：

①巡视中远离设备转动部分，试转中远离试运设备。

②巡视过程中不随意进入带电区域。

③按照安规要求着装，跨越皮带走专用通道。

④正确佩戴劳动防护用品，防止粉尘伤害。

⑤严格按照作业规程安排工作，杜绝发生违章指挥。

27. 输煤维护班工作负责人

岗位存在的危险点：

①由于安全措施执行不当导致机械伤害，误入其他设备间隔导致机械伤害。

②工器具使用不当导致物体打击伤害。

③动火作业发生火情导致烧伤。

④误碰运行中设备、误入间隔导致机械伤害。

⑤高处作业发生高处坠落或者高处落物伤人。

⑥未佩戴劳动防护用品发生职业健康危害。

⑦作业过程中违章指挥。

防范措施：

①防止安全措施执行不当导致机械伤害，工作前应检查安全措施已执行到位。作业前核对设备位置，防止误入其他设备间隔导致的机械伤害，工作现场做好隔离警戒防止他人误入。

②作业前检查工器具良好备用，防护罩完好。

③动火作业前清除可燃物品，定期检测现场粉尘浓度，切割作业气瓶距离符合安规要求。

④检修中禁止随意跨越皮带及触碰转动机械，明确作业区域。

⑤登高作业正确佩戴合格的安全带，高挂低用，脚手架按规定验收签字，防止高处坠落。

⑥正确佩戴劳动防护用品，防止粉尘伤害。

⑦严格按照作业规程安排工作，杜绝发生违章指挥。

28. 输煤维护班工作班成员

岗位存在的危险点：

①由于安全措施执行不当导致机械伤害，误入其他设备间隔导致机械伤害。

②工器具使用不当导致物体打击伤害。

③动火作业发生火情导致烧伤。

④误碰运行中设备、误入间隔导致机械伤害。

⑤高处作业发生高处坠落或者高处落物伤人。

⑥未佩戴劳动防护用品发生职业健康危害。

防范措施：

①防止安全措施执行不当导致机械伤害，工作前应检查安全措施已执行到位。作业前核对设备位置，防止误入其他设备间隔导致的机械伤害，工作现场做好隔离警戒防止他人误入。

②作业前检查工器具良好备用，防护罩完好。

③动火作业前清除可燃物品，定期检测现场粉尘浓度，切割作业气瓶距离符合安规要求。

④检修中禁止随意跨越皮带及触碰转动机械，明确作业区域。

⑤登高作业正确佩戴合格的安全带，高挂低用，脚手架按规定验收签字，防止高处坠落。

⑥正确佩戴劳动防护用品，防止粉尘伤害。

29. 综合专业维护班班长

岗位存在的危险点：

①照明不足发生碰伤、跌伤。

②巡视中发生高处坠落或高处落物伤人。

③巡视中被高温管道烫伤、烧伤。

④误碰带电设备发生触电。

⑤误碰转动机械发生机械伤害。

⑥违章指挥发生窒息、中毒等群伤事件。

防范措施：

①日常巡视中带好手电、注意孔、洞，防止误入检修作业点。

②巡视中戴好安全帽，高处指导作业带好安全带。

③远离高温高压管道，靠近时穿戴好防护用品。

④远离带电设备，检查工器具时确认断电。

⑤远离转机设备，按照安规要求穿戴好防护用品。

⑥严格按照检修规程安排作业，杜绝违章指挥。

30. 综合专业维护班安全员

岗位存在的危险点：

①照明不足发生碰伤、跌伤。

②巡视中发生高处坠落或高处落物伤人。

③巡视中被高温管道烫伤、烧伤。

④误碰带电设备发生触电。

⑤误碰转动机械发生机械伤害。

⑥违章指挥发生窒息、中毒等群伤事件。

防范措施：

①日常巡视中带好手电、注意孔、洞，防止误入检修作业点。

②巡视中戴好安全帽，高处指导作业带好安全带。

③远离高温高压管道，靠近时穿戴好防护用品。

④远离带电设备，检查工器具时确认断电。

⑤远离转机设备，按照安规要求穿戴好防护用品。

⑥严格按照检修规程安排作业，杜绝违章指挥。

31. 综合维护班工作负责人

31.1. 综合专业保温负责人

岗位存在的危险点：

①高处作业导致的人员高处坠落。

②高处坠物，工具、材料、零件高处坠落伤人。

③作业现场照度不良导致的跌落、碰伤。

④高温、高压作业处发生烧伤、烫伤。

⑤作业过程中违章指挥。

防范措施：

①高处作业人员必须戴安全帽，系好安全带，并高挂低用；安全带使用前检查合格备用，悬挂安全带点要牢固。

②高处作业使用的工具、材料、零件必须装入工具袋，上下时手中不得持物；不准空

中抛接工具、材料及其他物品。

③现场作业应保证有足够的照明。

④戴好个人劳动防护用品，穿防烫服，戴防烫手套，熟知应急设备、药品位置和使用方法。

⑤严格按照检修规程安排作业，杜绝违章指挥。

31.2. 综合专业架子负责人

岗位存在的危险点：

①高处作业架子失稳、使用不合格材料导致的人员高处坠落。

②高处坠物，工具、材料、零件高处坠落伤人。

③安全带系挂不规范导致高处坠落。

④高温、高压作业处发生烧伤、烫伤。

⑤作业过程中违章指挥。

防范措施：

①高处作业人员必须戴安全帽，系好安全带，并高挂低用；安全带使用前检查合格备用，悬挂安全带点要牢固；作业前验收脚手架稳定且有可靠支护。

②高处作业使用的工具、材料、零件必须装入工具袋，上下时手中不得持物；不准空中抛接工具、材料及其他物品。

③高处作业前检查安全带良好备用，按照安规要求系挂。

④尽量远离高温高压管道，在高温管道附近作业时做好防护。

⑤严格按照检修规程安排作业，杜绝违章指挥。

31.3. 综合专业土建负责人

岗位存在的危险点：

①基坑失稳导致淹溺。

②高处作业发生坠落或被高处落物砸伤。

③安全带系挂不规范导致高处坠落。

④工器具使用不当导致触电。

⑤作业过程中违章指挥。

防范措施：

①作业前检查基坑支护情况，保证稳定防止坍塌。

②作业人员必须戴安全帽，系好安全带，并高挂低用；安全带使用前检查合格备用，

悬挂安全带点要牢固；高处作业使用的工具、材料、零件必须装入工具袋，上下时手中不得持物；不准空中抛接工具、材料及其他物品。

③高处作业前检查安全带良好备用，按照安规要求系挂。

④作业前检查电动工具、水泵绝缘合格、带电部分无破损。

⑤严格按照检修规程安排作业，杜绝违章指挥。

32. 综合维护班工作班成员

32.1. 综合专业保温检修工

岗位存在的危险点：

①高处作业导致的人员高处坠落。

②高处坠物，工具、材料、零件高处坠落伤人。

③作业现场照度不良导致的跌落、碰伤。

④高温、高压作业处发生烧伤、烫伤。

防范措施：

①高处作业人员必须戴安全帽，系好安全带，并高挂低用；安全带使用前检查合格备用，悬挂安全带点要牢固。

②高处作业使用的工具、材料、零件必须装入工具袋，上下时手中不得持物；不准空中抛接工具、材料及其他物品。

③现场作业应保证有足够的照明。

④戴好个人劳动防护用品，穿防烫服，戴防烫手套，熟知应急设备、药品位置和使用方法。

32.2. 综合专业架子检修工

岗位存在的危险点：

①高处作业架子失稳、使用不合格材料导致的人员高处坠落。

②高处坠物，工具、材料、零件高处坠落伤人。

③安全带系挂不规范导致高处坠落。

④高温、高压作业处发生烧伤、烫伤。

防范措施：

①高处作业人员必须戴安全帽，系好安全带，并高挂低用；安全带使用前检查合格备用，悬挂安全带点要牢固；作业前验收脚手架稳定且有可靠支护。

②高处作业使用的工具、材料、零件必须装入工具袋，上下时手中不得持物；不准空中抛接工具、材料及其他物品。

③高处作业前检查安全带良好备用，按照安规要求系挂；

④尽量远离高温高压管道，在高温管道附近作业时做好防护。

32.3. 综合专业土建检修工

岗位存在的危险点：

①基坑失稳导致淹溺。

②高处作业发生坠落或被高处落物砸伤。

③安全带系挂不规范导致高处坠落。

④工器具使用不当导致触电。

防范措施：

①作业前检查基坑支护情况，保证稳定防止坍塌。

②作业人员必须戴安全帽，系好安全带，并高挂低用；安全带使用前检查合格备用，悬挂安全带点要牢固；高处作业使用的工具、材料、零件必须装入工具袋，上下时手中不得持物；不准空中抛接工具、材料及其他物品。

③高处作业前检查安全带良好备用，按照安规要求系挂。

④作业前检查电动工具、水泵绝缘合格、带电部分无破损。

32.4. 综合专业保洁员

岗位存在的危险点：

①打扫高温管道时发生烧伤、烫伤。

②交叉作业时发生空中落物伤人。

③打扫转动设备时发生机械伤人。

④接触带电设备发生触电。

⑤高处作业时发生高处坠落。

⑥在粉尘、高温环境下作业发生职业健康危害。

防范措施：

①远离高温高压设备及管道，不在附近无故长时间逗留，防止烧伤、烫伤。

②工作时正确佩戴安全帽，将长发盘入帽内，防止高处落物伤人；穿防滑鞋，防止滑跌；着装做到"三紧"，衣领紧、袖口紧、下摆扣子紧，防止被转动机械绞住发生伤害；熟悉工作环境及所属区域，防止误入检修区域发生伤害。

③在清扫过程中严禁误碰误动，不触碰带电设备、开关、按钮、阀门。

④打扫配电室的工作人员禁止触碰配电柜，防止人身触电。

⑤清扫作业中注意孔洞，防止跌落。

⑥清扫作业中佩戴好防护用品，防止发生职业危害。

32.5. 综合专业起重维护工

岗位存在的危险点：

①无证作业发生人身伤害。

②高处作业发生坠落或被高处落物砸伤。

③作业点未隔离导致人员误入或误操作。

④工器具使用不当导致的触电。

⑤施工现场未进行隔离，无专人监护，无警示牌导致误入人员受伤。

防范措施：

①工作人员必须取得特种作业操作资格证，作业时应随时携带，防止未持证上岗不了解起重设备性能导致发生人身伤害。

②检查进入司机室的通道连锁保护装置安全可靠，未经允许，任何人不得登上起重机或起重机的轨道，防止操作行车时发生高处坠落。

③工作现场隔离警戒，起重吊物下方禁止人员停留和行走，防止使用临时起重时发生物体打击伤害。

④使用前应检查所用起吊设备有检验合格证并在有效期内，防止使用不合格的起重工具发生的人员伤害。

⑤工作现场隔离警戒，有专人监护，并设置警示牌，无关人员禁止入内，防止作业现场未警戒导致的人员误入受伤。

32.6. 综合专业空调维护工

岗位存在的危险点：

①无证作业发生人身伤害。

②高处作业发生坠落或被高处落物砸伤。

③作业未隔离导致人员误入或误操作发生冻伤。

④工器具使用不当导致触电。

防范措施：

①工作人员必须取得特种作业操作资格证，作业时应随时携带，防止未持证上岗不了

解设备性能导致发生人身伤害。

②高处作业时佩戴好安全带，防止发生高处坠落。

③工作现场隔离警戒，禁止无关人员进入随意触碰压缩剂。

④使用前应检查所用工器具，防止发生触电。

32.7. 综合专业电梯维护工

岗位存在的危险点：

①无证作业发生人身伤害。

②高处作业发生坠落或被高处落物砸伤。

③作业未隔离导致人员误入或误操作。

④工器具使用不当导致触电。

防范措施：

①工作人员必须取得特种作业操作资格证，作业时应随时携带，防止未持证上岗不了解设备性能导致发生人身伤害。

②高处作业时佩戴好安全带，防止发生高处坠落。

③工作现场隔离警戒，禁止无关人员进入，检修期间误操作电梯设备发生绞伤。

④作业前确认设备已断电，防止发生触电。

32.8. 综合专业焊接热切割工

岗位存在的危险点：

①无证作业发生人身伤害。

②高处作业发生坠落或被高处落物砸伤。

③动火作业发生火灾、烧伤。

④误碰高温高压管道发生烧伤、烫伤。

⑤未穿戴防护用品发生职业健康危害。

防范措施：

①工作人员必须取得特种作业操作资格证，作业时应随时携带，防止未持证上岗不了解设备性能导致发生人身伤害。

②高处作业时佩戴好安全带，防止发生高处坠落。

③动火作业按照规定定期检测可燃物浓度，清除可燃物，防止发生火灾导致烧伤。

④作业中远离高温管道，必要时穿戴好防护用品。

⑤戴防护眼镜，防止发生职业健康危害。

第三节 其他人员岗位危险点与防范措施

1. 化验室班长

岗位存在的危险点：

①实验时高温物体发生烫伤的风险。

②化学药品试剂等有腐蚀皮肤的风险。

③化验时有中毒窒息的风险。

④实验过程中存在发生火灾危险。

⑤煤样实验时粉尘较大造成职业病危害。

⑥实验操作中玻璃器皿破碎，容易划伤手指危险。

防范措施：

①接触高温物体时要戴好防烫手套，防止烫伤。

②接触腐蚀性药品时要穿戴好防护用品。

③做实验时要保持实验室通风畅通。

④进行存在火灾危险的实验时，要及时将易燃易爆物品清理走。

⑤在进行煤样试验时要戴好防尘口罩。

⑥在拿玻璃器皿时要注意观察玻璃器皿是否损坏。

2. 化验室化验员

2.1. 化验室水组化验员

岗位存在的危险点：

①实验时高温物体发生烫伤的风险。

②化学药品试剂等有腐蚀皮肤的风险。

③化验时中毒窒息的风险。

④实验过程中时存在发生火灾危险。

⑤实验操作中玻璃器皿破碎，容易划伤手指危险。

防范措施：

①接触高温物体时要戴好防烫手套，防止烫伤。

②接触腐蚀性药品时要穿戴好防护用品。

③做实验时要保持实验室通风畅通。

④进行存在火灾危险的实验时，要及时将易燃易爆物品清理走。

⑤拿玻璃器皿时要注意观察玻璃器皿是否损坏。

2.2. 化验室油组化验员

岗位存在的危险点：

①实验时高温物体发生烫伤的风险。

②化验时中毒窒息的风险。

③废油管理不当引起火灾。

④实验过程中时存在发生火灾危险。

⑤实验操作中玻璃器皿破碎，容易划伤手指危险。

防范措施：

①接触高温物体时要戴好防烫手套，防止烫伤。

②做实验时要保持实验室通风畅通。

③做好废油的管理工作，及时将废油清理走。

④进行存在火灾危险的实验时，要及时将易燃易爆物品清理走。

⑤在拿玻璃器皿时要注意观察玻璃器皿是否损坏。

2.3. 化验室煤组化验员

岗位存在的危险点：

①实验时高温物体发生烫伤的风险。

②实验过程中存在发生火灾危险。

③煤样实验时粉尘较大造成职业病危害。

④实验操作中玻璃器皿破碎，容易划伤手指危险。

防范措施：

①接触高温物体时要戴好防烫手套，防止烫伤。

②进行存在火灾危险的实验时，要及时将易燃易爆物品清理走。

③在进行煤样试验时要戴好防尘口罩。

④在拿玻璃器皿时要注意观察玻璃器皿是否损坏。

3. 化学加药工

岗位存在的危险点：

①加药过程中存在化学药品的腐蚀危险。

②加药现场存在大量水泵、压缩机等转动机械，存在机械伤害危险。

③加药点分布在厂房内，现场噪声造成的职业病危险。

④加药点都在室内，加药过程中有挥发性液体，通风效果较差时存在气体中毒的危险。

⑤加药平台、加药口等存在高处作业，存在跌落危害。

防范措施：

①加药过程中要正确佩戴好防护用品。

②加药过程中要与转动机械保持安全距离，不要误碰误动设备。

③进入现场要佩戴好耳塞或耳罩。

④加药过程中要正确佩戴好防护用品，并保持现场通风畅通。

⑤加药时不要过多将身体探出护栏。

4. 放灰渣操作工

岗位存在的危险点：

①未按照操作程序进行操作损坏设备。

②车辆碰撞的危险。

③高处落物的物体打击危险。

④现场存在触电的危险。

⑤放灰区域粉尘浓度大造成的职业危险。

防范措施：

①严格按照操作程序进行操作。

②车辆在运动时要远离车辆。

③在现场工作时要正确佩戴好安全帽。

④与带电设备保持安全距离，不误碰误动带电设备。

⑤在放灰过程中正确佩戴好防护用品。

5．石灰石卸料操作工

岗位存在的危险点：

①清扫车斗时高处坠落危险。

②拉料车辆的碰撞危险。

③装载机卸料时的碰撞危险。

④卸料区域粉尘浓度大造成的职业危险。

防范措施：

①清扫车斗时车辆必须在停车熄火下进行。

②在车辆停车卸料时，与车辆保持一定的安全距离。

③装载机在卸料时严禁人员在车辆附近逗留。

④在卸料过程中正确佩戴好防护用品。

6．石膏搬运操作工

岗位存在的危险点：

①石膏坍塌造成人员掩埋的危险。

②装载机装车时碰撞的危险。

③高处落物造成的物体打击危险。

防范措施：

①现场不能出现石膏料坡度过陡的区域。

②在装车过程中石膏库不应有人员逗留。

③在现场正确佩戴好安全帽。

7．磨煤机排渣工

岗位存在的危险点：

①高处落物造成的物体打击危险。

②装卸渣斗时叉车损坏设备的危险。

③现场存在触电的危险。

④擅自操作排渣控制箱操作不当造成磨煤机卸风压磨煤机压磨危险。

⑤进入现场噪声造成职业危险。

⑥现场转动设备存在的机械伤害危险。

防范措施：

①在现场工作时要正确佩戴好安全帽。

②在装卸渣斗时要缓慢操作。

③与带电设备保持安全距离，不误碰误动带电设备。

④严禁私自操作排渣控制柜，排渣时由集控运行人员进行操作。

⑤进入现场佩戴好耳塞或耳罩。

⑥进入现场与转动设备保持安全距离。

8. 燃料采制班长

岗位存在的危险点：

①车辆进入采样机有车辆碰撞的危险。

②采样过程中采样机及车辆有高处落物的风险。

③采样过程中进入检修平台有机械伤害的风险。

④制样过程中，破碎机、滚筛及缩分机械有机械伤害的危险。

⑤制样设备内部积粉有自燃的风险。

⑥制样设备上电气部分存在人身触电风险。

防范措施：

①车辆进入采样机应注意车辆碰撞。

②采样过程中应防止高处坠物。

③采样过程中应站在安全位置密切观察采样过程。

④制样设备运行中禁止打开进料口门。

⑤采制样设备内部积粉应定期清理。

⑥采制设备电气部分出现故障应由专业人员进行修理。

9. 燃料采样员

岗位存在的危险点：

①车辆进入采样机有车辆碰撞的危险。

②车辆行驶中轮胎遇挤压有爆胎的风险。

③采样过程中采样机及车辆有高处落物的风险。

④采样过程中进入检修平台有机械伤害的风险。

防范措施：

①车辆进入采样机应注意车辆碰撞。

②车辆行驶中应远离轮胎，防止爆胎。

③采样过程中应站在安全位置密切观察采样过程。

④采样过程中禁止进入采样机检修平台。

10．燃料制样员

岗位存在的危险点：

①制样过程中，破碎机、滚筛及缩分机械有机械伤害的危险。

②破碎过程中有物体打击的危险。

③制样设备内部积粉有自燃的风险。

④制样设备上电气部分存在人身触电的风险。

防范措施：

①制样过程中应小心操作破碎机、滚筛及缩分机械，防止机械伤害的危险。

②破碎过程中禁止打开设备，防止物体打击。

③制样设备内部应定期清理，防止积粉自燃。

④制样设备上电气部分应由专业电气人员操作。

11．燃料化验班长

岗位存在的危险点：

①使用明火、氧气等有泄漏导致火灾、爆炸的风险。

②高温室、高温仪器等有发生烫伤的风险。

③化学药品试剂等有腐蚀皮肤的风险。

④化验用气体泄漏有中毒窒息的风险。

防范措施：

①使用明火、氧气等应小心操作，避免操作错误造成伤害。

②高温室、高温仪器操作时应戴好防烫手套，防止烫伤。

③化学药品试剂应小心使用，避免溅到皮肤。

④防止化验用气体泄漏，应定期进行检查。

12. 燃料化验员

岗位存在的危险点：

①使用明火、氧气等有泄漏导致火灾、爆炸的风险。

②高温室、高温仪器等有发生烫伤的风险。

③化学药品试剂等有腐蚀皮肤的风险。

④化验用气体泄漏有中毒窒息的风险。

防范措施：

①使用明火、氧气等应小心操作，避免操作错误造成伤害。

②高温室、高温仪器操作时应戴好防烫手套，防止烫伤。

③化学药品试剂应小心使用，避免溅到皮肤。

④防止化验用气体泄漏，应定期进行检查。

13. 煤场管理员

岗位存在的危险点：

①指挥运煤车辆有发生交通事故的风险。

②煤车翻卸翻车有挤压伤害的风险。

③煤粉浓度大有窒息、爆燃的风险。

④煤堆坡度大有跌落的风险。

⑤原煤存放时间长有自燃的风险。

防范措施：

①指挥运煤车辆时应与车辆保持安全距离。

②煤车翻卸时应远离翻卸车辆。

③煤粉浓度过大时应定期喷淋降尘，并戴好防护用品。

④煤堆坡度大或出现陡坡后及时消除。

⑤原煤存放时间长有自燃的风险时，及时将高温煤消除。

14. 煤场作业机械司机

岗位存在的危险点：

①与运煤车辆有发生交通事故的风险。

②作业机械操作不当有造成碰撞风险。

③煤堆坡度大有车辆跌落的风险。

④作业机械作业有人员掉落的风险。

⑤煤场粉尘浓度大有窒息及自燃的风险。

防范措施：

①进入煤场后应与车辆保持安全距离。

②防止机械作业时操作不当造成碰撞，应仔细观察精心操作。

③煤堆坡度大时应做好防护，及时消除陡坡并与煤堆边缘保持安全距离。

④作业机械作业中应系好安全带，禁止探身车外。

⑤煤场粉尘浓度大有窒息及自燃的风险，应定期喷水降低浓度。

15. 燃料区域保洁员

岗位存在的危险点：

①转动设备清扫有机械伤害的风险。

②电气设备清扫有人身触电的风险。

③栈桥楼梯冲洗有滑跌的风险。

④粉尘浓度大有患职业病的风险。

防范措施：

①转动设备附近清扫作业时，禁止触碰转动设备。

②禁止水冲洗电气设备，禁止触摸电气设备。

③栈桥楼梯冲洗后及时清理积水，行走站立应扶好栏杆。

④粉尘浓度大时，应佩戴好劳动防护用品。

第六章

"手指口述" 安全确认

第一节　运行人员"手指口述"安全确认

1. 锅炉看火除焦作业"手指口述"内容

①看火除焦时人员烫伤的风险，正确穿着专用的防烫工作服、工作鞋，戴防烫手套和头盔。

扫码看视频⑧
看火除焦手指
口述视频

②打焦时有人员烫伤的风险，打焦时要与集控监盘人员联系好，调整好锅炉燃烧，当燃烧不稳定或有炉烟外喷时禁止打焦；打焦过程中，发现炉内变暗时，应迅速闪开，并撤到安全区域，以防焦外喷伤人。

③打焦时存在人员摔伤和碰伤的风险，打焦前要观察好位置选择好逃生路线，防止突然火焰外喷导致人员躲闪时的摔伤和碰伤。

④使用工具不正确造成人身伤害的风险，打焦时不准用身体顶着工具以防打伤，工作人员应站在打焦口的侧面，斜着使用工具，现场要有人监护。

2. 氨区巡检作业"手指口述"内容

①人员中毒窒息的风险，首先要观察风向标指示情况确定逃生路线。

②人员冻伤的风险，进行阀门操作时要带好防冻手套。

③人员灼伤的风险，有液氨或氨气泄漏到人身上时要紧急用水进行冲洗。

④有误碰带电设备造成的触电风险，巡检时要与带电设备保持安全距离。

⑤有火灾爆炸的风险，进入氨区前将手机、对讲机等能产生信号的非防爆电子通信设备和打火机等相关火种放在指定存放箱内，双手触摸静电释放球释放人体静电。

⑥上氨罐检查时有高处坠落的风险，上、下楼梯时要抓好扶手。

3. 10kV 送电作业"手指口述"内容

①人员误操作触电的风险，操作时要执行操作票制度，按照操作票进行逐项操作。

②走错间隔的误操作触电风险，操作时要持票进行操作，并核对操作设备名称、编号与操作票所列内容一致后方可按票进行操作。

③停电过程中开关误动造成人员受伤的风险，停电前将开关控制方式切至"就地"，开关本体机械指示与智能操控装置均显示分闸。

④电气五防闭锁失灵造成设备损坏人员受伤的风险，操作过程中发现电气五防闭锁失灵时禁止越过和随意接触五防闭锁进行操作。

⑤带地刀合开关造成设备损坏和人员受伤的风险，将开关送至工作位之前检查接地刀闸确已分开，智能操控装置与机械指示一致。

⑥电气操作有电气设备漏电的风险，操作时应戴绝缘手套。

4. 10kV 停电作业"手指口述"内容

①人员误操作的风险，操作时要执行操作票制度，按照操作票进行逐项操作。

②走错间隔发生误操作风险，操作时要持票进行操作并核对操作设备名称、编号与操作票所列内容一致后方可按票进行操作。

③停电过程中开关误动造成人员受伤的风险，停电前将开关控制方式切至"就地"，开关本体机械指示与智能操控装置均显示分闸。

④电气五防闭锁失灵造成设备损人员受伤的风险，操作过程中发现电气五防闭锁失灵时，禁止越过和随意接触五防闭锁进行操作。

⑤带负荷拉开关造成设备损坏和人员受伤的风险，将开关摇至实验位之前检查开关确已分开，智能操控装置与机械指示一致。

⑥电气操作有电气设备漏电的风险，操作时应戴绝缘手套。

5. 定冷水冷却器切换作业"手指口述"内容

①人员误操作风险，操作时要执行操作票制度，按照操作票进行逐项操作。

②走错间隔的误操作风险，操作时要持票进行操作并核对就地标识牌与操作内容一

致，确认无误后方可进行操作。

③操作过程中发生碰撞等机械伤害的风险，穿戴好劳动防护用品使用合适的勾扳手。

④操作不当造成定冷水流量大幅波动的风险，保持通信良好，操作应缓慢，参数稳定方可继续操作。

⑤现场格栅板、孔洞的盖板和护栏，不牢固造成高处坠落的风险，巡检过程中要时刻注意栅板、孔洞的盖板和护栏是否结实牢固。

⑥现场存在噪声超标区域造成噪声伤害的风险，进入噪声超标区域要正确佩戴好防噪声耳塞。

6. 磨煤机启动作业"手指口述"内容

①人员误操作的风险，操作时要执行操作票制度，按照操作票进行逐项操作。

②磨煤机爆燃风险，暖磨时注意控制出口温度的温升率，防止温度上升过高导致磨煤机内煤粉爆燃。

③锅炉受热面超温风险，磨煤机启动时操作应缓慢，避免大幅度加煤导致燃烧突然加强时锅炉受热面超温。

④磨煤机启动时存在机械伤害的风险，磨煤机启动时就地人员要远离磨煤机。

⑤炉膛冒正压的风险，启动磨煤机通风、加煤时要缓慢操作，避免燃烧剧烈扰动炉膛冒正压。

7. 干渣机挤渣作业"手指口述"内容

①人员烫伤的风险，挤渣作业时必须佩戴防护面罩、防尘口罩、防烫手套。

②干渣机挤渣时人员烫伤的风险，应与集控监盘人员沟通好，保证燃烧稳定运行，防止炉膛正压热灰外喷烫伤人员。

③检查干渣机渣井时人员烫伤的风险，应站在观察孔侧面，防止炉膛正压热灰外喷人员躲闪不及时被烫伤。

④看渣和挤渣人员沟通不畅致使干燥机停运的风险，挤渣过程中挤渣人员和看渣人员要沟通好，听看渣人员的指令进行操作。

⑤现场上、下楼梯存在踏空造成高处坠落的风险，上、下楼梯时抓好扶手。

8. 湿式搅拌机放灰作业"手指口述"内容

①机械伤害的风险,设备启动前要确认设备上无任何检修工作,无人员停留。

②车辆停放不到位存在跑灰的风险,确认拉灰车辆已准确停在搅拌机下料口再进行放灰。

③车辆进出灰库有车辆碰撞的危险,应注意车辆。

④污染环境的风险,放灰过程中做好灰水比例的调节工作,防止因灰水比例不协调而冒干灰。

9. 发电机气体置换作业"手指口述"内容

①人员误操作的风险,操作前仔细核对阀门名称,确认无误后再进行操作;发电机气体置换要严格按照操作票执行,严禁采取其他方法对本机组进行气体置换。

②发电机气体置换时发生爆炸的风险,为防止发生爆炸事件,周围禁止进行任何动火作业,操作时使用铜制工器具禁止使用铁制工器具。

③气体置换时发生爆炸的风险,采取中间气体置换法进行,发电机气体置换前要联系检修人员共同确认压缩空气至发电机供气管道堵板加装完好。

④湿度仪中毒的风险,发电机进行气体置换过程中要提前将氢气湿度仪退出运行。

⑤浮子油箱满油导致发电机进油的风险,发电机气体置换时要确保浮子油箱在 1/2~2/3 位置,当浮子油箱浮子不工作时可适当开启浮子油箱旁路以保证浮子油箱油位正常。

⑥发电机进油的风险,发电机气体置换时要保证发电机油氢差压正常、浮子油箱油位正常、发电机及回油扩大槽油水继电器油位正常;置换时要缓慢保证发电机内部气体压力在 0.035~0.05MPa 范围内进行置换,避免大幅波动造成发电机进油。

⑦人员冻伤的风险,置换时操作人员要戴好防护手套,防止被 CO_2 气体冻伤。

⑧现场转动机械造成人身伤害的风险,现场作业时严禁接触机械设备的转动部分。

⑨现场设备漏电造成人身触电的风险,进入现场应穿绝缘鞋,不乱碰带电设备。

10. 发电机补氢作业"手指口述"内容

①发电机补氢操作工器具使用不当引发爆炸的风险,发电机气体置换时要使用铜制工器具,防止操作过程中产生火花与氢气接触引发爆炸。

②发生爆炸的风险,进行发电机补氢时现场严禁动火作业。

③发电机进油的风险,发电机补氢时要缓慢,避免氢压上升过快而差压阀跟踪差造成

发电机进油。

④人员误操作的风险，操作前认真核对阀门名称，确认无误后方可操作；操作前要提前联系化学值班员，待氢站阀门开启后方可进行发电机补氢操作。

11. 卸碱作业"手指口述"内容

①卸碱现场存在碱化学腐蚀品等危害的风险，确认现场无杂物，无关人员远离卸碱现场。

②现场上、下存在踏空造成高处坠落的风险，检查碱罐体及阀门时上、下楼梯抓好扶手。

③现场存在转动机械零部件飞出造成机械伤害的风险，巡检过程中应避免站立在转动设备的附近。

④卸碱现场存在泄漏的风险，进入该区域时应穿着碱防护服，佩戴橡胶手套、全面式防护面罩、防护鞋。

⑤卸碱有腐蚀危害的风险，卸碱前应在现场放置急救药品稀硼酸，喷溅至人员皮肤上时应及时用大量清水冲洗，患处用急救药品进行涂抹，及时就医。

⑥卸碱现场存在大量泄漏的风险，如发生泄漏应及时隔离泄漏区域，并使用沙土对泄漏区域进行覆盖处理，及时清理覆盖碱后的沙土。

⑦卸碱有喷溅至操作人员身体的风险，卸碱前应检查就地洗眼器、喷淋器是否正常，能否正常进行冲洗。

12. 卸酸作业"手指口述"内容

①卸酸现场存在酸化学腐蚀品等危害的风险，确认现场无杂物，无关人员远离卸酸现场。

②现场上、下存在踏空造成高处坠落的风险，检查酸罐体及阀门时上、下楼梯抓好扶手。

③现场存在转动机械零部件飞出造成机械伤害的风险，巡检过程中应避免站立在转动设备的附近。

④卸酸现场存在泄漏的风险，进入该区域时应穿着酸防护服，佩戴橡胶手套、全面式防护面罩、防护鞋。

⑤卸酸有腐蚀危害的风险，卸酸前应在现场放置急救药品稀碳酸氢钠，喷溅至人员皮

肤上时应及时用大量清水冲洗，患处用急救药品进行涂抹，及时就医。

⑥卸酸现场存在大量泄漏的风险，如发生泄漏应及时隔离泄漏区域，并使用沙土对泄漏区域进行覆盖处理，及时清理覆盖酸后的沙土。

⑦卸酸有喷溅至操作人员身体的风险，卸酸前应检查就地洗眼器、喷淋器是否正常，能否正常进行冲洗。

13. 化学专业加药工"手指口述"内容

①加药现场存在化学腐蚀品等危害的风险，确认现场无杂物，无关人员远离加药现场，熟悉所加药品的物理、化学性质，熟知急救方法，有一定的自我防护技能。

②现场上、下存在踏空造成高处坠落的风险，检查加药平台时上、下楼梯抓好扶手。

③倒置液体药品存在药品溅出伤人的风险，操作时要轻拿轻放、动作规范，严禁野蛮作业。

④加药现场存在泄漏的风险，进入该区域时应穿着碱防护服，佩戴橡胶手套、全面式防护面罩、防护鞋。

⑤现场存在转动机械零部件飞出造成物体打击的风险，加药过程中应避免站立在转动设备的正面。

⑥加药有喷、溅至操作人员身体风险，加药前应检查就地洗眼器、喷淋器是否正常，能否正常进行冲洗。

14. 汽轮机区域巡检"手指口述"内容

①现场存在高温高压蒸汽泄漏造成烫伤的风险，巡检过程中应快速通过高温高压压力容器的水位计和蒸汽管道法兰处。

②现场上、下存在踏空造成高处坠落的风险，巡检上、下楼梯时抓好扶手。

③现场格栅板、孔洞的盖板和护栏不牢固造成高处坠落的风险，巡检过程中要时刻注意栅板、孔洞的盖板和护栏是否结实牢固。

④现场存在高处落物造成物体打击的风险，进入现场要正确佩戴好安全帽。

⑤现场存在转动机械零部件飞出造成物体打击的风险，巡检过程中应避免站立在转动设备的附近。

⑥现场存在设备漏电造成人身触电的风险，进入现场应穿绝缘鞋，防止跨步电压。

⑦进入现场有误碰带电设备造成触电的危险，巡检时要与带电设备保持安全距离。

⑧现场存在转动机械造成人身伤害的风险，巡检时严禁接触机械设备的转动部分。

⑨现场存在噪声超标区域造成噪声伤害的风险，进入噪声超标区域要正确佩戴好防噪声耳塞。

15. 锅炉区域巡检"手指口述"内容

①现场存在高温高压蒸汽泄漏造成烫伤的风险，巡检过程中应快速通过高温高压压力容器的水位计和蒸汽管道法兰处。

②现场上、下存在踏空造成高处坠落的风险，巡检上、下楼梯时抓好扶手。

③现场格栅板、孔洞的盖板和护栏不牢固造成高处坠落的风险，巡检过程中要时刻注意栅板、孔洞的盖板和护栏是否结实牢固。

④现场存在高处落物造成的物体打击的风险，进入现场要正确佩戴好安全帽。

⑤现场存在转动机械零部件飞出造成物体打击的风险，巡检过程中应避免站立在转动设备的附近。

⑥现场存在设备漏电造成人身触电的风险，进入现场应穿绝缘鞋，防止跨步电压。

⑦进入现场有误碰带电设备造成的触电危险，巡检时要与带电设备保持安全距离。

⑧现场存在转动机械造成人身伤害的风险，巡检时严禁接触机械设备的转动部分。

⑨现场存在噪声超标区域造成噪声职业病伤害的风险，进入噪声超标区域要正确佩戴好防噪声耳塞。

⑩现场存在粉尘超标区域造成粉尘职业病伤害的风险，进入粉尘超标区域要正确佩戴好防尘口罩。

⑪现场存在氨气泄漏造成人员中毒的风险，进入 SCR 区域发现有异味或氨气检漏仪报警时要迅速撤离现场。

16. 除脱区域巡检"手指口述"内容

①现场上、下存在踏空造成高处坠落的风险，巡检上、下楼梯时抓好扶手。

②现场格栅板、孔洞的盖板和护栏不牢固造成高处坠落的风险，巡检过程中要时刻注意栅板、孔洞的盖板和护栏是否结实牢固。

③现场存在高处落物造成物体打击的风险，进入现场要正确佩戴好安全帽。

④现场存在转动机械零部件飞出造成物体打击的风险，巡检过程中应避免站立在转动设备的附近。

⑤现场存在设备漏电造成人身触电的风险，进入现场应穿绝缘鞋，防止跨步电压。

⑥进入现场有误碰带电设备造成触电的危险，巡检时要与带电设备保持安全距离。

⑦现场存在转动机械造成人身伤害的风险，巡检时严禁接触机械设备的转动部分。

⑧现场存在噪声超标区域造成噪声职业病伤害的风险，进入噪声超标区域要正确佩戴好防噪声耳塞。

⑨现场存在粉尘超标区域造成的粉尘职业病伤害的风险，进入粉尘超标区域要正确佩戴好防尘口罩。

17. 化学区域巡检"手指口述"内容

①现场上、下存在踏空造成高处坠落的风险，巡检上、下楼梯时抓好扶手。

②现场格栅板、孔洞的盖板和护栏不牢固造成高处坠落的风险，巡检过程中要时刻注意栅板、孔洞的盖板和护栏是否结实牢固。

③现场存在高处落物造成的物体打击的风险，进入现场要正确佩戴好安全帽。

④现场存在转动机械零部件飞出造成的物体打击的风险，巡检过程中应避免站立在转动设备的附近。

⑤现场存在设备漏电造成人身触电的风险，进入现场应穿绝缘鞋，防止跨步电压。

⑥进入现场有误碰带电设备造成触电的危险，巡检时要与带电设备保持安全距离。

⑦现场存在转动机械造成人身伤害的风险，巡检时严禁接触机械设备的转动部分。

⑧现场存在噪声超标区域造成噪声职业病伤害的风险，进入噪声超标区域要正确佩戴好防噪声耳塞。

⑨现场存在酸碱泄漏造成人员灼伤的风险，进入酸碱系统区域作业时要佩戴好防护用品。

⑩现场存在液氨泄漏造成人员中毒的风险，氨区巡检时发现有异味或氨气检漏仪报警时要迅速撤离现场。

18. 输煤区域巡检"手指口述"内容

①操作时有走错间隔及误操作的风险，要确认设备双重编号正确。

②巡检、操作有发生机械伤害的风险，应远离转动设备，禁止伸手进入设备护罩内。

③现场电气设备有人身触电的风险，应确认电气设备无漏电现象，地面干燥，无乱拉、乱接电缆现象。

④输煤栈桥内及上下楼梯有滑倒、跌落的风险，严禁跨越和底部穿越皮带，上下楼梯站稳扶好。

⑤粉尘浓度大容易造成职业病的风险，巡检时戴好安全帽、防尘口罩等劳动防护用品。

19. 操作斗轮机"手指口述"内容

①斗轮机上行走时有滑倒坠落的风险，行走时应观察慢行并扶好栏杆。

②斗轮机巡视时有机械伤害的危险，小心靠近转动设备，禁止伸手进入设备护罩。

③斗轮机上电气设备存在人身触电的风险，应确认电气设备完好无损，无漏电现象。

④斗轮机回转时有触碰煤堆或煤场设施的风险，操作时应前后确认。

⑤煤场粉尘浓度大容易有造成职业病的风险，应戴好防尘口罩等劳动防护用品。

20. 操作翻车机时的"手指口述"内容

①翻车机上行走时有滑倒坠落的风险，行走时应观察慢行并扶好栏杆。

②翻车机巡视时有机械伤害的危险，小心靠近转动设备，禁止伸手进入设备护罩。

③跨越轨道及调车设备存在车辆碰撞挤压的风险，禁止跨越轨道，车辆进入后禁止进入调车机区域。

④翻卸中粉尘浓度大容易造成职业病的风险，应戴好防尘口罩等劳动防护用品。

21. 采样机采样操作时的"手指口述"内容

①车辆进入采样机直角转弯处有车辆碰撞、爆胎伤人的危险，应注意远离直角转弯区域。

扫码看视频⑨
采样机操作手
指口述视频

②采样过程中采样机及车辆有高处落物的风险，应正确佩戴安全帽，站在梁柱下等安全位置观察采样过程。

③采样过程中进入检修平台有机械伤害的风险，采样机运行中任何人员不得跨越栏杆进入检修平台作业。

④采样过程中粉尘浓度大有患职业病的风险，应佩戴好防尘口罩等劳动防护用品。

22. 燃料制样操作时的"手指口述"内容

①制样过程中，破碎机、滚筛及缩分机械有机械伤害的危险，应远离转动机械。

②破碎过程中有物体打击的危险，应确认进料口严密关闭。

③制样设备内部积粉有自燃的风险，应定期检查清扫设备内部积粉。

④制样设备上电气部分存在人身触电的风险，应检查电气部分完好无漏电现象。

23. 燃料化验操作时的"手指口述"内容

①使用明火、氧气等有泄漏导致火灾、爆炸的风险，应小心使用明火。

②高温室、高温仪器等有发生烫伤的风险，操作时应戴好防烫手套。

③化学药品试剂等有腐蚀皮肤的风险，应小心使用，避免溅到皮肤。

④化验用气体泄漏有中毒窒息的风险，应定期检查防止泄漏。

24. 煤场管理人员接卸作业时的"手指口述"内容

①指挥运煤车辆有发生交通事故的风险，应与车辆保持安全距离。

②煤车翻卸翻车有挤压伤害的风险，翻卸中远离翻卸车辆。

③煤粉浓度大有窒息、爆燃的风险，应定期喷淋降尘。

④煤堆坡度大有跌落的风险，出现陡坡应及时消除。

⑤原煤存放时间长有自燃的风险，对于高温煤及时消除。

25. 煤场机械司机作业时的"手指口述"内容

①与运煤车辆有发生交通事故的风险，应与车辆保持安全距离。

②作业机械操作不当有造成碰撞的风险，应仔细观察精心操作。

③煤堆坡度大有车辆跌落的风险，应及时消除陡坡，并与煤堆边缘保持安全距离。

④作业机械作业有人员掉落的风险，作业中应系好安全带，禁止探身车外。

⑤场粉尘浓度大有窒息及自燃的风险，应定期喷水降低浓度。

26. 保洁员在输煤燃料区域进行清洁工作时的"手指口述"内容

①转动设备清扫有机械伤害的风险，清扫作业应远离转动设备。

②电气设备清扫有人身触电的风险，禁止水冲洗电气设备。

③栈桥楼梯冲洗有滑跌的风险，行走站立应扶好栏杆。

④粉尘浓度大有患职业病的风险，应佩戴好劳动防护用品。

27. 输煤运行人员电气操作时的"手指口述"内容

①电气设备操作有走错间隔的风险,操作前应认真核对设备双重编号。

②电气设备操作有带负荷拉闸的风险,操作前应检查开关状态。

③电气操作有电气设备漏电的风险,操作时应戴绝缘手套。

④装设接地线等应先进行验电后操作。

第二节 检修人员"手指口述"安全确认

1. 转动机械检修（工作负责人）"手指口述"内容

①因安全措施执行不当导致机械伤害的风险,工作前应检查安全措施已执行到位,达到全过程安全工作条件,符合现场实际。

②误入其他设备间隔有导致机械伤害的风险,作业前应核对设备位置,工作现场做好隔离警戒,防止他人误入。

③使用工器具不当造成的物体打击伤害的风险,工作前应认真检查工器具合格,熟悉操作规程,正确穿戴劳动防护用品。

④在作业中误碰带电设备有触电的风险,作业前应核对措施已全部执行并验电,作业中正确使用电动工器具防止触电。

⑤作业过程中因违章指挥,监护职责履行不到位,导致失去监护,发生设备损坏、人身伤害的风险,应拒绝下达违反安全工作规程的命令,并在开工后工作负责人应始终在现场对工作班组成员认真监护,及时纠正不安全的行为。

2. 转动机械检修（检修工）"手指口述"内容

①误入其他设备间隔有导致机械伤害的风险,作业前应核对设备位置,工作现场做好隔离警戒防止他人误入。

②使用工器具不当造成的物体打击伤害的风险,工作前应认真检查工器具合格,熟悉操作规程,正确穿戴劳动防护用品。

③在作业中误碰带电设备有触电的风险,为防止触电的风险,作业中应与带电设备保持安全距离,并正确使用电动工器具。

④检修废旧物资随意存放导致破坏环境的风险，为防止作业中造成环境污染，工作中应做到三不落地，做到"工完、料净、场地清"。

3. 管阀检修（工作负责人）"手指口述"内容

①作业时汽水烫伤的风险，工作前应检查安全措施已执行到位，检修管段的疏水门打开，防止阀门不严有水或蒸汽在管道内；工作时穿戴好防护用品。

②作业时高处坠落的风险，登高作业时应正确佩戴合格的安全带，高挂低用，脚手架按规定验收签字。

③高处落物伤人的风险，高处作业应使用工具袋上下传递不得上下抛物，工作地点下方设置禁止通行警戒带。

④发生机械伤害的风险，工作前认真检查工器具是否合格，熟悉操作规程。

⑤作业过程中因违章指挥，监护职责履行不到位，导致失去监护，发生设备损坏、人身伤害的风险，应拒绝下达违反安全工作规程的命令并且在开工后工作负责人应始终在现场对工作班组成员认真监护，及时纠正不安全的行为。

4. 管阀检修（检修工）"手指口述"内容

①接触高温管道时导致汽水烫伤的风险，在开工前应正确佩戴防烫护具，拆除法兰时应先将法兰盘上离身体远的一半螺丝松开，再略松靠近身体一侧螺丝，使留存的汽、水从对面缝隙排出。

②高处作业时导致高处坠落的风险，登高作业应正确佩戴合格的安全带，高挂低用，脚手架按规定验收合格签字后使用。

③高处落物伤人的风险，高处作业应使用工具袋上下传递不得上下抛物，工作地点下方设置禁止通行警戒带。

④使用工器具不当造成物体打击伤害的风险，工作前认真检查工器具合格，并按照规定使用，正确穿戴劳动防护用品。

5. 受限空间检修（工作负责人）"手指口述"内容

①使用电压等级不符合要求的电动工器具导致人身触电的风险，手持式电动工具应选用Ⅱ类，并应设专人监护，电源箱应有漏电保护器，并放在容器外面。

②使用照明灯具电压等级高而导致人员触电的风险，检查使用行灯必须为 24V 安全电压。

③高处坠落的风险，登高作业时应正确佩戴合格的安全带，高挂低用，脚手架按规定验收签字。

④有毒有害气体导致中毒或窒息的风险，应办理受限空间作业许可手续，提前进行通风，进入前检测氧气含量在 19.5%~21.5%，有毒有害气体在合格范围内。每隔半小时检测一次。

⑤可燃气体导致发生火灾或爆炸的风险，应提前 30 分钟进行通风，进入前检测可燃气体有毒有害气体在合格范围内，应使用便携式防爆安全灯具。

⑥因盲目施救而导致群死群伤的风险，在工作时应做好监护及内外联系工作，发现有人受伤时了解清楚现场情况。

⑦作业过程中因违章指挥，监护职责履行不到位，导致失去监护，发生设备损坏、人身伤害的风险，应拒绝下达违反安全工作规程的命令并且在开工后工作负责人应始终在现场对工作班组成员认真监护，及时纠正不安全的行为。

6. 受限空间检修（检修工）"手指口述"内容

①使用电压等级不符合要求的电动工器具导致人身触电的风险，手持式电动工具应选用Ⅱ类，并应设专人监护，电源箱应有漏电保护器，并放在容器外面。

②因使用照明灯具电压等级高而导致人员触电的风险，检查使用行灯必须为 24V 安全电压。

③高处作业导致高处坠落的风险，登高作业时应正确佩戴合格的安全带，高挂低用，脚手架按规定验收签字。

④有毒有害气体导致中毒或窒息的风险，应办理受限空间作业许可手续，提前进行通风，进入前检测氧气含量在 19.5%~21.5%，有毒有害气体在合格范围内。每隔半小时检测一次。

⑤可燃气体导致发生火灾或爆炸的风险，应提前 30 分钟进行通风，进入前检测可燃气体有毒有害气体在合格范围内，应使用便携式防爆安全灯具。

⑥因盲目施救导致群死群伤的风险，作业前进行通风，进入前检测氧气含量在19.5%~21.5%，有毒有害气体在合格范围内，救援人员做好自我防护，系好安全绳，穿好防护服，带上呼吸器。

7. 酸碱设备检修（工作负责人）"手指口述"内容

①存在有毒有害气体导致中毒或窒息的风险，开工前应检查作业现场有良好的通风，必要时强制通风，工作时应佩戴合格的呼吸器。

②酸碱泄漏导致灼烫的风险，工作时应穿好防酸碱工作服、胶鞋，戴橡胶手套、防护眼镜等劳动防护用品，清楚现场冲洗水、毛巾、药棉及急救时中和用的溶液位置。

③工器具使用不当导致物体打击伤害的风险，工作前应认真检查工器具是否合格，并按照规定使用，正确穿戴劳动防护用品。

④酸碱泄漏导致环境污染的风险，对泄漏的酸碱液必须回收至废水处理系统，禁止直接外排。

⑤作业过程中因违章指挥，监护职责履行不到位，导致失去监护，发生设备损坏、人身伤害的风险，应拒绝下达违反安全工作规程的命令并且在开工后工作负责人应始终在现场对工作班组成员认真监护，及时纠正不安全的行为。

8. 酸碱设备检修（检修工）"手指口述"内容

①存在有毒有害气体导致中毒或窒息的风险，开工前应检查作业现场有良好的通风，必要时强制通风，工作时应佩戴合格的呼吸器。

②酸碱泄漏导致灼烫的风险，工作时应穿好防酸碱工作服、胶鞋，戴橡胶手套、防护眼镜等劳动防护用品，清楚现场冲洗水、毛巾、药棉及急救时中和用的溶液位置。

③工器具使用不当导致物体打击伤害的风险，工作前应认真检查工器具是否合格，并按照规定使用，正确穿戴劳动防护用品。

④酸碱泄漏导致环境污染的风险，对泄漏的酸碱液必须回收至废水处理系统，禁止直接外排。

9. 氢站、氨区检修（检修工）"手指口述"内容

①有毒有害泄漏气体导致中毒的风险，作业时应正确佩戴合格的安全防护用品，有毒有害气体浓度超标时，应佩戴正压式空气呼吸器。

②液氨泄漏导致冻伤的风险，工作时应正确佩戴防冻手套。

③可燃气体浓度达到极限值导致火灾爆炸的风险，工作场所应保持良好通风，定期检测可燃气体浓度在合格范围内。

④作业时发生火灾爆炸的风险，作业前应检查并使用铜制工具，以免产生火花而引发火灾爆炸。

⑤人员进入制氢站未交出火种、未进行登记而造成安全隐患的风险，进入制氢站应交出火种，并履行登记制度，禁止无关人员进入，不得携带打火机等火种、手机、摄像机等非防爆电子设备。

⑥因人体静电而导致火灾爆炸的风险，所有人员进入前应触摸静电释放器，消除人体静电。

10. 制粉系统检修（工作负责人）"手指口述"内容

①高处作业发生高处坠落、高处落物伤害的风险，登高作业应正确佩戴合格的安全带，高挂低用，脚手架按规定验收签字，高处作业应使用工具袋上下传递不得上下抛物，工作地点下面禁止通行，应有警戒隔离措施。

②使用工器具不当发生物体打击伤害的风险，工作前应认真检查工器具合格，并按照规定使用，正确穿戴劳动防护用品。

③粉尘浓度超限导致火灾、爆炸的风险，工作场所应保持良好通风，定期检测可燃气体浓度在合格范围内。

④由于粉尘导致职业健康危害的风险，工作时应佩戴防尘口罩、防护眼镜、手套等劳动防护用品。

⑤作业过程中因监护职责履行不到位，导致失去监护，发生设备损坏、人身伤害的风险，开工后动火工作监护人应始终在现场对工作班组成员认真监护，及时纠正不安全的行为。

11. 制粉系统检修（检修工）"手指口述"内容

①高处作业发生高处坠落、高处落物伤害的风险，登高作业时应正确佩戴合格的安全带，高挂低用，脚手架按规定验收签字，高处作业应使用工具袋上下传递不得上下抛物，工作地点下面禁止通行，应有警戒隔离措施。

②使用工器具不当导致物体打击伤害的风险，工作前认真检查工器具合格，并按照规定使用，正确穿戴劳动防护用品。

③粉尘浓度超限导致火灾、爆炸的风险，工作场所应保持良好通风，定期检测可燃气体浓度在合格范围内。

④由于粉尘导致职业健康危害的风险，应佩戴防尘口罩、防护眼镜、手套等劳动防护用品。

12. 除焦、除灰、除渣（工作负责人）"手指口述"内容

①高温未燃尽灰喷出导致烧伤、烫伤的风险，作业前戴防烫手套，穿防烫工作服，戴好防护面具，工作时应站在灰渣门的一侧，斜着使用工具。

②高处作业时发生高处坠落、高处落物的风险，登高作业时应正确佩戴合格的安全带，高挂低用，脚手架按规定验收签字，高处作业应使用工具袋上下传递不得上下抛物，工作地点下面禁止通行，应有警戒隔离措施。

③因使用工器具不当而发生物体打击伤害的风险，工作前应认真检查工器具合格，并按照规定使用，正确穿戴劳动防护用品。

④作业点周围存放易燃易爆物品导致发生火灾、爆炸的风险，作业前应检查并清理工作现场易燃易爆物品，定期做好防止发生火灾的安全措施，工作现场放置合格的灭火器。

⑤因安全措施未全部执行导致烫伤的风险，应在开工前会同工作许可人认真检查安全措施已执行到位，工作中监护班组工作人员按照规程规定作业。

13. 除焦、除灰、除渣（检修工）"手指口述"内容

①高温未燃尽灰喷出导致烧伤、烫伤的风险，作业前戴防烫手套，穿防烫工作服，戴好防护面具，工作时应站在灰渣门的一侧，斜着使用工具。

②高处作业时发生高处坠落、高处落物的风险，登高作业时应正确佩戴合格的安全带，高挂低用，脚手架按规定验收签字，高处作业应使用工具袋上下传递不得上下抛物，工作地点下面禁止通行，应有警戒隔离措施。

③因使用工器具不当而发生物体打击伤害的风险，工作前应认真检查工器具合格，并按照规定使用，正确穿戴劳动防护用品。

④作业点周围存放易燃易爆物品导致发生火灾、爆炸的风险，作业前应检查并清理工作现场易燃易爆物品，定期做好防止发生火灾的安全措施，工作现场放置合格的灭火器。

14. 输灰管道检修工作"手指口述"内容

①高处作业发生高处坠落伤害的风险，登高作业时应正确佩戴合格的安全带，高挂低用，脚手架按规定验收签字。

②高处落物伤人的风险，高处作业时应使用工具袋上下传递不得上下抛物，工作地点下面禁止通行，应有警戒隔离措施。

③动火作业时发生火灾的风险，应持票作业并定期检测可燃气体浓度在合格范围内，在动火区域下方铺设防火毯或挂好接火盆，放置消防器材，设专人监护，随时对工作地点进行防火检查。

④因使用工器具不当造成物体打击伤害的风险，工作前应认真检查工器具合格，并按照规定使用，正确穿戴劳动防护用品。

15. 电除尘检修（工作负责人）"手指口述"内容

①内部照明不足导致人员碰伤的风险，作业前检查工作照明充足，使用的行灯电压不得超过 12V。

②因监护不到位导致人员遗留在容器内的风险，工作中做好进出人员登记，工作结束后工作负责人应清点人员，检查确实无人员遗留，方可关人孔门。

③出入登记簿未登记清楚导致工器具遗落的风险，工作结束后工作负责人应清点工器具，检查确实无工器具遗留，方可关人孔门。

④因监护不到位发生内外失联的风险，工作监护人不得从事其他工作，并与内部检修人员保持有效的联系。

⑤粉尘导致职业健康危害的风险，应佩戴防尘口罩、防护眼镜、手套等劳动防护用品。

16. 电除尘检修（检修工）"手指口述"内容

①作业空间氧气含量不足导致窒息的风险，作业前办理受限空间作业许可手续，提前进行通风，进入前检测氧气含量在 19.5%~21.5%，有毒有害气体在合格范围内。

②作业空间存在有毒气体导致中毒的风险，提前办理受限空间作业许可手续，提前进行通风，进入前检测氧气含量在 19.5%~21.5%，有毒有害气体在合格范围内。

③内部照明不足导致人员碰伤的风险，作业前检查工作照明充足，使用的行灯电压不得超过 12V。

④高处作业发生高处坠落、高处落物伤害的风险，登高作业时应正确佩戴合格的安全带，高挂低用，高处作业应使用工具袋上下传递不得上下抛物。

⑤工作前未放电导致人员触电的风险，进入电除尘内部前，对阴极线进行验电并接地。

17. 湿式球磨机加钢球（工作负责人）"手指口述"内容

①安全措施未执行导致转动机械伤害的风险，开工前会同工作许可人认真检查安全措施已执行到位。

②他人误入工作现场导致人员受伤的风险，开工前应认清设备位置，熟悉现场设备，勿走错间隔，工作现场做好隔离警戒。

③高处作业导致高处坠落及高处落物的风险，登高处作业应正确佩戴合格的安全带，高挂低用，脚手架按规定验收签字，高处作业应使用工具袋上下传递不得上下抛物，工作地点下面禁止通行，应有警戒隔离措施，并有专人监护。

④使用工器具不当导致物体打击伤害的风险，工作前应认真检查工器具合格，并按照规定使用，正确穿戴劳动防护用品。

⑤作业现场高处坠落的风险，作业前现场设置安全绳，检查安全绳可靠性，作业中做好监护，及时制止违章。

18. 湿式球磨机加钢球（工作班成员）"手指口述"内容

①安全措施未执行导致转动机械伤害的风险，开工前会同工作许可人认真检查安全措施已执行到位。

②他人误入工作现场导致人员受伤的风险，开工前应认清设备位置，熟悉现场设备，勿走错间隔，工作现场做好隔离警戒。

③高处作业导致高处坠落及高处落物的风险，登高处作业应正确佩戴合格的安全带，高挂低用，脚手架按规定验收签字，高处作业应使用工具袋上下传递不得上下抛物，工作地点下面禁止通行，应有警戒隔离措施，并有专人监护。

④使用工器具不当导致物体打击伤害的风险，工作前应认真检查工器具合格，并按照

规定使用，正确穿戴劳动防护用品。

19. 电动机检修（工作负责人）"手指口述"内容

①工作地点、任务不明确导致走错间隔触电的风险，作业前核对设备名称、编号或者在工作地点设置遮拦和安全警示标识牌。

②安全措施未执行导致人员触电的风险，开工前会同工作许可人认真检查安全措施已执行到位，工作中监护班组工作人员按照规程规定作业，拆后的电缆头必须三相短接接地。

③使用不合格的工器具导致设备损坏的风险，工作前认真检查工器具合格，并按照规定正确使用。

④设备试转时发生机械伤害的风险，应注意衣服、擦拭材料及随身物件避免被设备挂住，要扣紧袖口，做好防滑等措施。

⑤设备试转时发生物体打击伤害的风险，设备试运前所有人员应先远离，站在转动机械的轴向位置，以防转动部分飞出伤人。

⑥检修废旧物资随意存放导致破坏环境的风险，工作结束后应做到"工完、料净、场地清"。

20. 电动机检修（检修工）"手指口述"内容

①工作地点、任务不明确导致走错间隔触电的风险，作业前核对设备名称、编号或者在工作地点设置遮拦和安全警示标识牌。

②安全措施未执行导致人员触电的风险，开工前会同工作许可人认真检查安全措施已执行到位，工作中监护班组工作人员按照规程规定作业，拆后的电缆头必须三相短接接地。

③使用不合格的工器具导致设备损坏的风险，工作前认真检查工器具合格，并按照规定正确使用。

④设备试转时发生机械伤害的风险，应注意衣服、擦拭材料及随身物件避免被设备挂住，要扣紧袖口，做好防滑等措施。

⑤设备试转时发生物体打击伤害的风险，设备试运前所有人员应先远离，站在转动机械的轴向位置，以防转动部分飞出伤人。

21. 配电检修（工作负责人）"手指口述"内容

①工作地点、任务不明确导致走错间隔触电的风险，在工作区域装设围栏，并向内设置"止步，高压危险！"安全警示标识牌，向外设置"在此工作"标志牌。

②安全措施未执行导致人员触电的风险，开工前会同工作许可人认真检查安全措施已执行到位，工作中监护班组工作人员按照规程规定作业。

③工作班成员状态不好导致误碰带电设备触电的风险，应检查工作班成员状态良好，如相邻的有电回路、设备应加装绝缘隔板或用绝缘材料包扎。

④使用不合格的工器具导致设备损坏的风险，工作前应认真检查工器具是否合格，并按照规定正确使用。

⑤检修后检查不仔细导致物品遗留损坏设备的风险，工作结束后应清点工器具，检查确实无工器具遗留，方可终结工作票。

22. 配电检修（检修工）"手指口述"内容

①工作地点、任务不明确导致走错间隔触电的风险，在工作区域装设围栏，并向内设置"止步，高压危险！"安全警示标识牌，向外设置"在此工作"标志牌。

②安全措施未执行导致人员触电的风险，开工前会同工作许可人认真检查安全措施已执行到位，工作中监护班组工作人员按照规程规定作业。

③工作班成员状态不好导致误碰带电设备触电的风险，应检查工作班成员状态良好，如相邻的有电回路、设备应加装绝缘隔板或用绝缘材料包扎。

④使用不合格的工器具导致设备损坏的风险，工作前应认真检查工器具是否合格，并按照规定正确使用。

⑤作业中因未佩戴劳动防护用品导致的误碰带电设备触电的风险，应穿绝缘鞋或站在干燥的绝缘物上，并戴绝缘手套和护目眼镜，穿全棉长袖工作服，设专人监护。

⑥检修后检查不仔细导致物品遗留损坏设备的风险，工作结束后应清点工器具，检查

确实无工器具遗留，方可终结工作票。

23. 热控检修热电阻和热电偶"手指口述"内容

①误走错间隔导致人员受伤的风险，应确定测点位置及接线位置，确定 KKS 码，中文描述确定设备。

②高处作业时发生高处坠落伤害的风险，应系合格的安全带，高挂低用，确保安全。

③作业时发生烫伤的风险，高温区域作业时应戴好手套。

④高处坠物伤人的风险，作业时应戴好安全帽，确定身边的工具处于不会掉落的位置。

⑤作业时发生高处坠落、绊倒的风险，作业时确定周边地面孔洞。

⑥设备试运时发生机械伤害的风险，应与试运设备保持安全距离，防止机械伤人。

24. 热控检修压力变送器"手指口述"内容

①误走错间隔导致人员受伤的风险，应确定测点位置及接线位置，确定 KKS 码，中文描述确定设备。

②高压介质喷出烫伤的风险，拆卸压力变送器时，确认相应变送器的二次门已关闭。

扫码看视频⑩
热控检修压力
变送器手指
口述

③作业时发生烫伤的风险，高温区域作业时应戴好手套。

④高处坠物伤人的风险，作业时应戴好安全帽，确定身边的工具处于不会掉落的位置。

⑤作业时发生高处坠落、绊倒的风险，作业时确定周边地面孔洞。

25. 热控检修压力表温度表"手指口述"内容

①误走错间隔造成误动设备、人员伤害的风险，确定仪表所在位置，确定中文描述确定设备。

②高处作业时发生高处坠落伤害的风险，应系合格的安全带，高挂低用，确保安全。

③作业时发生烫伤的风险，高温区域作业时应戴好手套。

④作业时发生高处坠物伤人的风险，作业时应戴好安全帽，确定身边的工具处于不会掉落的位置。

⑤作业时发生高处坠落、绊倒的风险，作业时确定周边地面孔洞。

⑥设备试运时发生机械伤害的风险，应与试运设备保持安全距离，防止机械伤人。

26. 热控检修电动门"手指口述"内容

①误走错间隔造成误动设备、人员伤害的风险，确定电动门所在位置，确定 KKS 码，中文描述确定设备。

②作业时人员发生触电的风险，工作前先验电。

③高处作业时发生高处坠落伤害的风险，应系合格的安全带，高挂低用，确保安全。

④作业时发生烫伤的风险，高温区域作业时应戴好手套。

⑤作业时高处坠物伤人的风险，作业时应戴好安全帽，确定身边的工具处于不会掉落的位置。

⑥作业时人员发生高处坠落、绊倒的风险，作业时确定周边地面孔洞。

⑦设备试运时发生机械伤害的风险，应与试运设备保持安全距离，防止机械伤人。

27. 热控检修气动门"手指口述"内容

①误走错间隔造成误动设备、人员伤害的风险，确定气动门所在位置，确定 KKS 码，中文描述确定设备。

②作业时人员发生触电的风险，工作前先验电。

③高处作业时发生高处坠落伤害的风险，应系合格的安全带，高挂低用，确保安全。

④作业时发生烫伤的风险，高温区域作业时应戴好手套。

⑤作业时高处坠物伤人的风险，作业时应戴好安全帽，确定身边的工具处于不会掉落的位置。

⑥作业时人员发生高处坠落、绊倒的风险，作业时确定周边地面孔洞。

⑦设备试运时发生机械伤害的风险，应与试运设备保持安全距离，防止机械伤人。

28. 热控检修液位计"手指口述"内容

①误走错间隔造成误动设备、人员伤害的风险，确定液位计所在位置，确定 KKS 码，中文描述确定设备。

②作业时人员发生触电的风险，工作前先验电。

③作业时发生烫伤的风险，高温区域作业时应戴好手套。

④作业时高处坠物伤人的风险，作业时应戴好安全帽，确定身边的工具处于不会掉落的位置。

⑤作业时人员发生高处坠落、绊倒的风险，作业时确定周边地面孔洞。

29. 热控检修 DCS 控制器及卡件"手指口述"内容

①误走错间隔造成误动设备、人员伤害的风险，确定设备所在位置，确定 KKS 码，中文描述确定设备。

②作业时人员发生触电的风险，工作前先验电。

③静电干扰设备导致设备损伤的风险，工作时应佩戴防静电手环。

④误碰运行设备导致人员伤害的风险，作业中与运行设备保持距离。

30. 热控检修化学分析仪"手指口述"内容

①误走错间隔造成误动设备、人员伤害的风险，确定设备所在位置，确定 KKS 码，中文描述确定设备。

②作业时酸碱灼伤的风险，确定标液的酸碱性，戴好防酸碱手套。

③酸碱等化学品灼伤、中毒的风险，接触有毒化学药剂时做好通风，佩戴好防护面罩。

④作业时人员发生触电的风险，工作前先验电。

⑤作业时人员烫伤的风险，高温区域作业时确认二次门已关闭，戴好防烫伤手套。

31. 热控检修液位开关、压力开关、行程开关"手指口述"内容

①误走错间隔造成误动设备、人员伤害的风险，确定设备所在位置，确定 KKS 码，中文描述确定设备。

②高压介质喷出伤人的风险，检查拆卸相关开关变送器的二次门已关闭。

③作业时人员发生触电的风险，工作前先验电。

④作业时人员烫伤的风险，高温区域作业时确认二次门已关闭，戴好防烫伤手套。

⑤人员高处坠落的风险，高处作业时系好安全带，使用前检查合格备用，确认挂点牢固。

⑥高处坠物伤人的风险，作业时应戴好安全帽，确定身边的工具处于不会掉落的位置。

⑦作业时高处坠落的风险，应注意周边地面、格栅板空洞。

⑧机械伤人的风险，远离转动机械。

32. 输煤皮带机检修工作"手指口述"内容

①误碰转动设备造成机械伤害的风险，作业中严禁由非正式通道随意跨越皮带，严禁直接跨越输煤皮带。

②作业中误碰带电设备造成触电的风险，应正确使用合格的工器具，使用前要检查手持电动工器具开关、漏电保护试验装置、防护罩等完好备用。

③作业时碰伤的风险，不擅自扩大工作范围工作，熟悉作业区域场所环境，注意周边孔洞、凸出棱角物。

④误碰转动皮带发生绞伤的风险，应与其他运行设备保持安全距离，无绞伤危险。

⑤起吊工作时发生坠物伤人的风险，起吊工作应有专人负责，统一指挥与周边保持安全距离并设警示线。

33. 输煤皮带定期检查工作"手指口述"内容

①误碰转动设备造成机械伤害的风险，作业中严禁由非正式通道随意跨越皮带，严禁直接跨越输煤皮带。

②作业时运输设备物料飞溅伤人的风险，检查作业时个人劳动防护用品要佩戴齐全，严禁设备运行时擅自打开任何检查孔门。

③设备运转时发生机械伤害的风险，应了解设备运行方式，无故不在转动设备附近逗留，如需检查，站到转动部位轴向位置，严禁将手伸到防护装置内部。

④设备运转时发生机械伤害的风险，应与运行中的皮带以及各转动部位保持安全距离，严禁在皮带机附近或移动设备范围内轨道休息坐立。

⑤因工器具使用不当导致物体打击伤害的风险，应检查使用的工器具经定期检验合格，熟悉工器具的使用方法。

34. 输煤电气柜、照明检修工作"手指口述"内容

①因措施未执行，工器具不合格而导致触电的风险，在进行电气作业前应熟悉作业环境、设备 KKS 编码，并根据作业的类型和性质采取相应的防护措施，所使用的工器具和防护用品应保证合格。

②作业时造成人员触电的风险，电气工作必须二人在场，一人作业一个人监护，启动关联性设备要做到联络畅通，有信号，有警示，要验电。

③误碰带电设备造成触电的风险，在电气控制柜内工作做到勿动误碰，不要随意开动不明的电源开关或擅自摘取他人操作牌进行送电启停。

35. 输煤电气推杆电机检修"手指口述"内容

①走错间隔造成人员机械伤害的风险，作业前应明确工作任务，认清设备位置。

②因设备停电未进行验电造成人身触电的风险，应使用电压等级合适的合格验电器验明无电后方可工作。

③作业时高处坠落的风险，应正确佩戴劳保用品，登高作业戴好安全带，使用梯子做好防滑措施。

④作业时高处落物导致人员打击伤害的风险，高处作业使用的工具、材料、零件必须装入工具袋，上下时手中不得持物，不准空中抛接工具、材料及其他物品。

⑤因工器具使用不当导致物体打击伤害的风险，工作前仔细检查工具是否合格，是否贴有合格证，所有工器具是否在有效期内，工作人员应熟悉工器具的使用方法。

36. 输煤导料槽检修工作"手指口述"内容

①被运行设备卷入伤人的风险，作业中注意与运行中的皮带机保持安全距离。

②人员被物体打击伤害的风险，行走到楼梯、平台周边随时留意上部有落物危险，脚下有滑跌可能。

③被运行设备卷入伤人的风险，经过设备转动部位时不得逗留，检查时要站到转动部位侧面。

④作业时高处落物导致人员打击伤害的风险，检修作业现场铺设胶皮，防止小件物品从格栅板网孔落下造成人员受伤。

⑤因工器具使用不当导致物体打击伤害的风险，工作前仔细检查工具是否合格，是否贴有合格证，所有工器具是否在有效期内，工作人员应熟悉工器具的使用方法。

37. 输煤排污水泵检修工作"手指口述"内容

①作业时发生人员触电的风险，作业前检查使用的临时电源线无破损，开关、漏电保护试验装置灵活。

②因擅自接临时电源导致触电的风险，禁止私自接线导致触电。

③作业时发生碰伤的风险，作业时应不擅自扩大工作范围工作，熟悉作业区域场所环境，注意周边孔洞、凸出棱角物。

④作业时因误碰其他运行设备造成机械伤害的风险，应与其他运行设备保持安全距离，工作场所周边转动机械防护罩完整牢固，无绞伤危险。

⑤非专业起重人员操作而导致起重伤害的风险，起吊工作应有专人负责，统一指挥与周边保持安全距离，设警示线。

⑥动火作业时引发火灾的风险，应正确使用切割设备，气瓶之间的距离不得小于 8m，各瓶与明火距离不得小于 10m，清除周围的积粉积煤、易燃物品等，做好防火险措施。

38. 输煤斗轮机检修工作"手指口述"内容

①因人员不熟悉工作流程，发生设备损坏或人员伤害的风险，工作开工前，熟悉工作任务、工作流程、掌握安全措施和注意事项，作业前进行安全技术交底，并确认签字。

②作业时人员触电的风险，作业前核对安全措施已全部执行，对带电部分进行验电。

③高处作业时发生高处坠落的风险，检修 2m 及以上地点进行的作业，必须使用安全带，需搭设脚手架作业时要验收合格后方可使用。

④工器具使用不当伤人的风险，检查个人劳动防护用品佩戴齐全，工器具合格备用。

⑤发生职业病伤害的风险，作业现场正确佩戴防尘防护品。

⑥靠近护栏时发生人身伤害的风险，作业中禁止随意跨越护栏，检查现场防护栏杆是否牢固。

⑦作业时发生滑落跌伤的风险，上下爬梯时注意观察台阶。

39. 电焊工"手指口述"内容

①未持证上岗不了解电焊机性能导致触电的风险，工作人员必须取得特种作业操作资格证，作业时应随时携带。

②擅自接临时电源导致触电的风险，检查电焊机的接拆线工作应有具备资质的电工进行操作，电焊机外壳应有良好的接地。

③作业时触电的风险，电焊机的接拆线工作应有具备资质的电工进行操作，作业前检查禁止多台电焊机共用一个电源开关。

④焊接过程中火花掉落导致火灾的风险，进行焊接工作时应防止金属熔渣飞溅引起火灾的措施，铺设防火毯，工作现场放置合格的灭火器，设专人监护。

⑤作业时发生爆炸的风险，应持票作业，作业中随时监测现场可燃气体浓度，防止发生爆炸。

⑥高处作业时发生高处坠落或高处落物伤人的风险，高处作业应正确佩戴合格的安全带，高挂低用，脚手架按规定验收签字，高处作业应使用工具袋上下传递不得上下抛物，

工作地点下面禁止通行，应有警戒隔离措施，并有专人监护。

40. 起重工"手指口述"内容

①未持证上岗不了解起重设备性能导致发生人身伤害的风险，工作人员必须取得特种作业操作资格证，作业时应随时携带。

②操作行车时发生高处坠落的风险，检查进入司机室的通道连锁保护装置安全可靠，未经允许，任何人不得登上起重机或起重机的轨道。

③使用临时起重时发生物体打击伤害的风险，工作现场应隔离警戒，起重吊物下方禁止人员停留和行走。

④使用不合格的起重工具发生人员伤害的风险，使用前应检查所用起吊设备有检验合格证并在有效期内。

⑤使用不合格的起重工具发生设备伤害的风险，作业前对起重工具仔细检查，起重机械和起重工具的工作负荷不准超过规定。

⑥作业现场未警戒导致人员误入受伤的风险，工作现场隔离警戒，有专人监护，并设置警示牌，无关人员禁止入内。

41. 动火作业（检修工）"手指口述"内容

①管道动火作业引发火灾的风险，作业前确认已将动火设备、管道内的物料清洗、置换，经检测合格。

②储罐动火引发火灾的风险，清除易燃物，罐内盛满清水或惰性气体保护。

③动火作业时引发火灾的风险，动火前检查动火点周围易燃物，动火附近的下水井、地漏、地沟、电缆沟等处无易燃易爆杂物。

④作业时发生高处坠落的风险，高处动火需采取措施，高处作业人员必须戴安全帽，必须系好安全带，并

高挂低用。

⑤火花飞溅引发火灾的风险，注意火星飞溅方向，在动火区域下方铺设防火毯或挂好接火盆用。

⑥动火作业引发火灾的风险，作业前检查氧气瓶、溶解乙炔气瓶间距不小于 5m，两者与动火地点之间均不小于 10m。

⑦动火作业引发火灾的风险，动火现场备有灭火工具（如蒸汽管、水管、灭火器、砂子、铁铣等）。

⑧动火作业引发火灾的风险，动火作业中做好监护，明确消防器材位置及使用方法。

42. 阀门井、下水井检修人员"手指口述"内容

①无关人员误入检修区域发生人员伤害的风险，现场应设置安全警示围栏。

②作业空间氧气含量不足导致窒息的风险，进入作业前半小时，打开设备通风孔进行自然通风，必要时进行强制通风。

③作业空间氧气含量不足导致窒息的风险，采用管道空气送风，通风前必须对管道内介质和风源进行分析确认，严禁通入氧气补氧。

④照明不足发生碰伤、跌伤的风险，作业前检查现场照明充足。

⑤有毒有害气体导致窒息的风险，作业前测试可燃气体、有毒有害气体浓度在合格范围内。

⑥作业时人员触电的风险，检查照明电压应小于或等于 36V，在潮湿容器、狭小容器作业应小于或等于 12V。

⑦易燃易爆环境中工具使用不当引发事故的风险，使用的灯具为防爆型低压及不发生火花的工具，不准穿戴化纤织物。

⑧酸碱泄漏导致灼烫的风险，在酸碱等腐蚀性环境中，穿戴好防腐蚀护具、扒渣服、耐酸靴、耐酸手套、护目镜。

⑨高处坠落伤害的风险，落差大于 2m 作业点要系好安全带，使用前检查合格，安全带悬挂点牢固。

⑩监护不到位导致事故伤害的风险，作业中做好监护及内外联系，随时了解内部作业动态。

第三节　其他人员"手指口述"安全确认

1. 脚手架搭设（架子工）"手指口述"内容

①高处作业时发生高处坠落的风险，工作人员必须戴安全帽，上下脚手架时，双手应交替扶住脚手架，防止跌滑，在脚手架作业平台上工作，必须系好安全带，并高挂低用。

②高处落物导致人员伤害的风险，高处作业使用的工具、材料、零件必须装入工具袋，上下时手中不得持物；不准空中抛接工具、材料及其他物品；易滑动、易滚动的工具、材料堆放在脚手架上时，应采取措施防止坠落。

③照明不足导致高处坠落伤害的风险，高处作业应有足够的照明。

④架子垮塌导致高处坠落伤害的风险，搭建脚手架必须全面检查脚手架的扣件链接、连墙件、支撑体系是否符合要求。

⑤架子垮塌导致高处坠落伤害的风险，脚手架搭建前硬化地面或用木方垫钢管。

⑥作业时人员发生划伤、硬伤的风险，作业时戴好个人劳动防护用品，熟知应急设备、药品位置和使用方法。

⑦脚手架垮塌导致高处坠落伤害的风险，脚手架使用前汇同使用人员一起检查架子是否合格并签字，悬挂验收牌。

2. 拆除保温（保温工）"手指口述"内容

①高处作业时发生高处坠落的风险，工作人员必须戴安全帽，上下脚手架时，双手应交替扶住脚手架，防止跌滑，在脚手架作业平台上工作，必须系好安全带，并高挂低用。

②高处落物导致人员伤害的风险，高处作业使用的工具、材料、零件必须装入工具袋，上下时手中不得持物；不准空中抛接工具、材料及其他物品；易滑动、易滚动的工具、材料堆放在脚手架上时，应采取措施防止坠落。

③照明不足导致高处坠落伤害的风险，高处作业应有足够的照明。

④作业时人员发生划伤、硬伤的风险，作业时戴好个人劳动防护用品，熟知应急设备、药品位置和使用方法。

3. 破土作业人员"手指口述"内容

①因保护措施执行不到位导致设备损伤的风险，作业前确认地下无电力电缆、管道，

保护措施已落实。

②开挖没有边坡的沟、坑等无支撑导致坍塌的风险，必须设支撑，开挖前设法排除地表水，当挖到地下水位以下时，要采取排水措施。

③发生坍塌掩埋的风险，现场已进行放坡处理和固壁支撑。

④作业时人员发生打击伤害的风险，作业人员必须戴安全帽，不在坑、槽、井、沟上端边沿站立、行走。

⑤有毒有害气体导致人员中毒的风险，现场配备可燃气体检测仪、有毒介质检测仪，随时监测有害气体浓度。

⑥作业时发生中毒的风险，作业中必须佩戴防护器具，防止发生中毒伤害。

4. 保洁人员（厂房内）"手指口述"内容

①高处落物伤人的风险，工作时正确佩戴安全帽，将长发盘入帽内，防止高处落物伤人；穿防滑鞋，防止滑跌。

②被转动机械绞住发生伤害的风险，着装做到"三紧"，衣领紧，袖口紧，下摆扣子紧。

③作业时发生烧伤烫伤的风险，远离高温高压设备及管道，不在附近无故长时间逗留。

④在清扫过程中出现机械伤害的风险，严禁误碰误动，不触碰带电设备、开关、按钮、阀门。

⑤人身触电的风险，打扫配电室的工作人员禁止触碰配电柜，防止人身触电。

⑥误入检修区域发生伤害的风险，应熟悉工作环境及所属区域，防止误入检修区域发生伤害。

⑦作业时发生跌落的风险，清扫作业中注意孔洞，防止跌落。

5. 保洁人员（高处）"手指口述"内容

①作业时发生高处坠落的风险，要系好安全带，安全带使用前检查是否合格，安全带应高挂低用。

②作业时发生高处坠落的风险，安全带悬挂时检查悬挂处是否牢固。

③高处落物伤人的风险，工作时正确佩戴安全帽，穿防滑鞋，防止滑跌。

④打扫过程中发生高处落物伤人的风险，禁止向下抛掷物件及垃圾。

⑤作业时发生高温烧伤、烫伤的风险，清扫时远离高温高压设备及管道，不在附近无故长时间逗留。

⑥未穿戴防护用品发生职业健康危害的风险，粉尘大的区域清扫时戴好防护口罩。

6. 保洁人员（马路）"手指口述"内容

①清扫作业中发生高处落物伤人的风险，不在危险区域逗留，大风天气时不在厂房附近防止大风吹落物件伤人。

②高处落物伤人的风险，工作时戴好安全帽及劳动防护用品，不随意进入检修警戒区域。

③作业时发生车辆伤害的风险，在马路清扫的过程中，如遇车辆经过工作区域，应先避开车辆，待车辆安全通过方可作业。

④作业时发生车辆伤害的风险，作业中接打电话时到安全区域避让。

第七章

"安全双述"数据库

为了完善"安全双述"中岗位安全职责、危险点描述及"手指口述"的内容，让广大读者能更清晰、简便地找到对应工种的岗位安全职责及相应工作中存在的各类伤害，本章参照《企业职工伤亡事故分类》（GB 6441—1986）对书中描述的有关发电企业可能涉及的 14 类伤害进行了盘点，将伤害类别、导致原因、防范措施进行了分析总结，初步形成了作业现场具有安全分析、安全指导的"安全双述"数据库，包括发电企业岗位安全职责数据库、岗位危险点及防范措施数据库、危险点分类数据库三部分。

第一节　发电企业岗位安全职责数据库

工种（A）	分类（B）	岗位（C）	岗位安全职责（D）
①检修维护	①检修维护班组负责人	①汽机维护班班长 ②锅炉维护班班长 ③电气一次维护班班长 ④除脱维护班班长 ⑤化学维护班班长 ⑥输煤维护班班长 ⑦热控维护班班长 ⑧电气二次维护班班长 ⑨综合专业维护班班长	①宣传并贯彻上级有关安全生产方针、政策、法规、规程、规定和决定，是本班组的安全第一负责人。 ②组织本班组开展反违章工作，落实并消除装置性违章，及时纠正不安全思想，制止并考核违章违纪；及时组织本班组学习事故通报，吸取教训，采取对策，防止同类事故重复发生。 ③每周组织一次安全活动，传达上级文件精神，学习各类事故通报，对本班组本周安全生产工作分析总结。 ④做好本班组岗位安全技术培训、新入厂工人的第三级安全教育和全班人员（包括临时工）经常性的安全思想教育。 ⑤主持召开每日班前、班后会，结合开展危险点分析预控活动
	②检修维护班组安全员	①汽机维护班安全员 ②锅炉维护班安全员 ③电气一次维护班安全员 ④除脱维护班安全员 ⑤化学维护班安全员 ⑥输煤维护班安全员 ⑦热控维护班安全员 ⑧电气二次维护班安全员 ⑨综合专业维护班安全员	①负责班组安全生产的监督，协助班长组织完成本班组负责的"两措"计划及安全整改项目。 ②协助班长组织好每周一次的班组安全日活动，结合班组实际，做好安全生产状况的分析。 ③经常检查本班组工作场所和作业环境、安全设施、设备工器具的安全状况，发现隐患及时登记上报；督促本班组人员正确使用各种安全工器具和劳动防护用品。 ④组织班组安全工器具的管理和定期检验、试验工作。 ⑤协助班长对本班组发生的异常、未遂、障碍、事故和其他不安全的情况按照"四不放过"的原则，认真分析，吸取教训，制订对策，督促执行，并负责按规定填表上报
	③检修维护班组工作负责人	①汽机维护班工作负责人 ②锅炉维护班工作负责人 ③电气一次维护班工作负责人	①参加每周一次班组安全日活动及班前、班后会；及时学习事故通报，吸取教训，落实防范措施，防止同类事故重复发生。

续表

工种（A）	分类（B）	岗位（C）	岗位安全职责（D）
①检修维护		④除脱维护班工作负责人 ⑤化学维护班工作负责人 ⑥输煤维护班工作负责人 ⑦热控维护班工作负责人 ⑧电气二次维护班工作负责人 ⑨综合专业维护班工作负责人（另包括保温、架子、土建、保洁、起重维护、空调维护、电梯维护、专业焊接热切割工作负责人）	②带票作业前确认安全措施已全部执行，向班组成员交代工作中的危险点及注意事项，作业中监督班组成员安全作业。 ③检修作业应做到无水、无灰、无油迹，拆下的零件摆放整齐，检修机具摆放整齐，材料备品摆放整齐；电线不乱拉，管路不乱放，杂物不乱扔。 ④对检修班组人员正确使用劳动防护用品进行监督检查，制止违章作业，发现重大事故隐患缺陷及时汇报。 ⑤检修作业完成后检查现场文明卫生情况、措施恢复情况、工器具收回情况等，按照"五不结束"原则检查确认工作完成
	④检修维护班组工作成员	①汽机维护班工作班成员 ②锅炉维护班工作班成员 ③电气一次维护班工作班成员 ④除脱维护班工作班成员 ⑤化学维护班工作班成员 ⑥输煤维护班工作班成员 ⑦热控维护班工作班成员 ⑧电气二次维护班工作班成员	①参加班组安全日活动及班前、班后会；参加安全培训，学习事故通报，吸取教训，落实防范措施，防止同类事故重复发生。 ②工作开工前熟悉工作任务、安全措施和注意事项，以及参加工作的危险点分析，学习后在工作票相应栏内确认签名。 ③每天认真进行设备巡回检查、工作环境检查，做好设备日常数据的采集、诊断、趋势分析，定期进行设备渗漏点检查、统计工作。 ④正确使用安全工器具和劳动防护用品，熟悉现场环境，提高自我安全保护意识，杜绝"三违"现象发生，工作中做到"四不伤害"。 ⑤工器具与量具不落地，设备零部件不落地，油污不落地；检修工作结束后，应做到"工完、料净、场地清"。 ⑥及时发现隐患并处理，大缺陷及时汇报处理
②运行专业	①当值主要负责人	①当值值长 ②当值单元长	①班期间全面掌握设备运行状况，做好事故预想工作。 ②全权指挥和处理机组及设备运行中的各类事故，保障机组及设备的安全稳定运行；及时正确执行调度命令，对所发出的操作命令和事故处理命令的正确性负全部责任。 ③对本值值班人员的人身安全和设备安全负有直接领导责任。 ④严格执行"两票三制"，对属于值长审核范围内的操作票、工作票和安全措施的正确性负责；监督各岗位人员认真进行设备系统巡回检查和设备定期切换工作。 ⑤指导班组成员正确使用安全工器具和劳动防护用品，做到"四不伤害"，杜绝"三违"现象发生。 ⑥负责组织召开班组安全日活动及班前、班后会，传达公司、部门的安全精神，参加安全培训、学习事故通报，吸取事故教训，落实防范措施，防止同类事故重复发生。 ⑦发生异常情况，积极、正确、果断组织班组人员进行处理，严格执行汇报制度，事后组织异常分析，并提交异常分析报告

工种（A）	分类（B）	岗位（C）	岗位安全职责（D）
	②运行班组主要值班员	①集控主值 ②集控副值 ③化学值班员 ④除脱值班员 ⑤输煤主值 ⑥输煤副值 ⑦燃料采制班长 ⑧燃料化验班长 ⑨煤场管理员 ⑩煤场作业机械司机	①当班期间全面掌握本机组设备运行状况，做好事故预想工作。 ②发生异常情况立即停止其他无关工作，积极、正确、果断组织机组人员进行事故处理，严格执行汇报制度，做好记录，事后参加班组异常分析。 ③严格执行"两票三制"，对本机组操作票、工作票安全措施执行的正确性负责，监督本机组各岗位人员认真进行设备系统巡回检查，按规定进行设备定期切换工作。 ④正确使用安全工器具和劳动防护用品，做到"四不伤害"，杜绝"三违"现象发生。 ⑤参加班组安全日活动及班前、班后会；参加安全培训，学习事故通报，吸取教训，落实防范措施，防止同类事故重复发生。 ⑥负责放灰、放渣人员的安全管理工作。 ⑦认真监视设备运行情况，了解所辖设备运行参数，做好设备参数的采集及填报，及时填写设备缺陷。 ⑧严格执行煤场各项管理制度，保证煤场安全稳定运行。 ⑨认真检查煤场存在的风险点，并及时采取防范措施。 ⑩认真进行作业机械的检查，精心操作，保证作业机械稳定运行，及时处理作业机械运行中的缺陷
②运行专业	③运行班组巡检人员	①集控巡检 ②化学巡检 ③除脱巡检 ④输煤巡检 ⑤斗轮机司机 ⑥翻车机司机 ⑦燃料采样员 ⑧燃料制样员 ⑨燃料化验员 ⑩保洁员	①当班期间全面掌握管辖设备运行状况，做好事故预想工作。 ②在值班员领导下，负责机组现场设备安全运行的监视、调整和事故处理工作，发生异常情况时，根据值班员命令要求进行事故处理，严格执行汇报制度，事后参加班组异常分析会。 ③严格执行"两票三制"，当班期间认真进行巡回检查，对于发现问题及时汇报处理，按照操作票和工作票的内容正确执行安全措施。 ④正确使用安全工器具和劳动保护用品，做到"四不伤害"，杜绝"三违"现象发生。 ⑤参加班组安全日活动及班前、班后会；参加安全培训、学习事故通报，吸取教训，落实防范措施，防止同类事故重复发生。 ⑥负责放灰、放渣人员的安全管理工作。 ⑦按时参加班组安全日活动及班前、班后会，认真学习事故通报，吸取事故教训，落实防范措施，防止同类事故再次发生。 ⑧认真进行设备巡回检查、了解所辖设备运行的情况，做好设备参数的采集及填报，及时填写设备缺陷。 ⑨设备设施发生异常情况后，及时进行汇报，并根据现场情况进行事故处理。 ⑩认真进行斗轮机的检查、精心操作，保证斗轮机稳定运行，及时填写斗轮机运行中的缺陷。

续表

工种（A）	分类（B）	岗位（C）	岗位安全职责（D）
②运行专业			⑪认真进行翻车机的检查，精心操作，保证翻车机稳定运行，及时填写翻车机运行中的缺陷。 ⑫认真进行采制样设备的检查，精心操作，保证制样设备稳定运行，及时填写制样设备运行中的缺陷。 ⑬严格执行燃料区域保洁管理制度。 ⑭认真进行保洁工作，确保现场无积煤积粉
	④化验室主要负责人	①化验室班长	①对本班组人员的人身安全和设备安全负有直接领导责任。 ②指挥监督本班人员进行各种工质的分析化验；做好现场异常化验结果的跟踪化验；做好危险点分析、事故预想；遇到突发情况，组织好应急处理。 ③正确使用安全工器具和劳动防护用品，做到"四不伤害"，杜绝"三违"现象发生。 ④做好危化品的日常安全管理工作。 ⑤负责组织召开班组安全日活动及班前、班后会，传达公司、部门的安全精神，参加安全培训、学习事故通报，吸取事故教训，落实防范措施，防止同类事故重复发生
	⑤运行班组化验及操作人员	①化验室水组化验员 ②化验室油组化验员 ③化验室煤组化验员 ④化学加药工 ⑤放灰渣操作工 ⑥石灰石卸料操作工 ⑦石膏搬运操作工 ⑧磨煤机排渣工	①在化验班班长的领导和指导下，完成日常的化验工作，发现异常结果时及时汇报班长。 ②正确使用安全工器具和劳动防护用品，做到"四不伤害"，杜绝"三违"现象发生。 ③对有毒有害和酸碱腐蚀造成的人身危险及化验设备损坏等事故进行重点控制。 ④参加班组安全日活动及班前、班后会，参加安全培训、学习事故通报，吸取教训，落实防范措施，防止同类事故重复发生。 ⑤对实验过程中产生的粉尘和噪声造成的人身危险进行重点控制。 ⑥在班长的领导和指导下，完成化学区域加药、配药工作。 ⑦在除脱运行人员的管理下负责灰库、渣仓的放灰、放渣工作。 ⑧放灰期间负责设备的巡检和调整工作，放灰、放渣工作结束后，做好现场卫生的清理工作。 ⑨在除脱运行人员的管理下负责石灰石卸料工作。 ⑩石灰石卸料工作结束后，保持现场卫生良好。 ⑪在除脱运行人员的管理下负责石膏搬运工作。 ⑫石膏搬运工作中，正确操作装载机，搬运工作结束后，保持现场卫生良好。 ⑬严格执行公司运行管理标准，服从发电部管理人员、值长、单元长、主值班员、副值班员下达的工作指令，完成磨煤机排渣任务。 ⑭保证运行磨煤机正常排渣，定期检查磨煤机渣斗，防止发生堵磨现象

第二节 岗位危险点及防范措施数据库

工种（A）	分类（B）	岗位（C）	危险点（E）	防范措施（F）
检修专业	汽机检修	汽机维护班班长 汽机维护班安全员	①高温高压管道烫伤、烧伤。 ②酸碱等化学品灼伤、中毒。 ③受限空间作业导致窒息。 ④误碰带电设备造成的触电伤害。 ⑤高处落物伤害。 ⑥作业过程中违章指挥	①日常巡视过程中远离高温高压管道，防止发生烫伤、烧伤。 ②日常巡视过程中远离酸碱管道，防止发生化学品灼伤、中毒。 ③检查受限空间作业时穿戴好防护用品，防止窒息。 ④远离带电设备，不随意触碰带电设备，防止发生触电伤害。 ⑤现场巡视时戴好安全帽，不在无关检修区域逗留，防止发生高处落物受伤。 ⑥严格按照作业规程安排工作，杜绝发生违章指挥
		汽机维护班工作负责人	①由于安全措施执行不当导致机械伤害，误入其他设备间隔导致的机械伤害。 ②接触高温管道时导致汽水烫伤。 ③高处作业导致高处坠落。 ④使用工器具造成的物体打击伤害。 ⑤作业过程中违章指挥，监护职责履行不到位，导致失去监护，发生设备损坏、人身伤害	①防止安全措施执行不当导致机械伤害，工作前检查安全措施已执行；核对设备位置，防止误入其他设备间隔导致的机械伤害；工作现场做好隔离警戒防止他人误入。 ②工作前检查检修管段的疏水门打开泄压，防止阀门不严有水或蒸汽在管道内；工作时穿戴好防护用品，防止汽水烫伤。 ③登高作业正确佩戴合格的安全带，高挂低用，脚手架按规定验收签字，防止高处坠落。 ④工作前认真检查工器具合格，熟悉操作规程，正确穿戴劳动防护用品，防止使用不当造成的伤害。 ⑤开工后工作负责人应始终在现场对工作班组成员认真监护，及时纠正不安全的行为，拒绝下达违反安全工作规程规定的指令
		汽机维护班工作班成员	①由于安全措施执行不当或误入其他设备间隔导致的机械伤害。 ②接触高温管道时导致汽水烫伤。 ③使用工器具造成的物体打击伤害。 ④作业中误碰带电设备造成的触电伤害。 ⑤高处作业导致高处坠落、高处落物伤人	①防止安全措施执行不当导致机械伤害，工作前检查安全措施已执行；核对设备位置，防止误入其他设备间隔导致的机械伤害；工作现场做好隔离警戒，防止他人误入。 ②正确佩戴防烫护具，防止接触高温管道时导致汽水烫伤；拆除法兰时按照检修规程操作。 ③工作前认真检查工器具合格，熟悉操作规程，防止发生机械伤害；拒绝执行违反安全工作规程规定的，以及危及人身、设备安全的指挥。

续表

工种（A）	分类（B）	岗位（C）	危险点（E）	防范措施（F）
检修专业	汽机检修			④作业中与带电设备保持安全距离，正确使用电工工器具，防止触电。 ⑤登高作业正确佩戴合格的安全带，高挂低用，脚手架按规定验收签字，防止高处坠落，高处作业应使用工具袋上下传递，不得上下抛物，工作地点下方设置禁止通行警戒带，防止高处落物伤人
		锅炉维护班班长 锅炉维护班安全员	①高温高压管道烫伤、烧伤。 ②由于粉尘、噪声导致危害职业健康。 ③受限空间作业导致窒息。 ④误碰转动设备造成的机械伤害。 ⑤高处落物伤害。 ⑥作业过程中违章指挥	①日常巡视过程中远离高温高压管道防止发生烫伤、烧伤。 ②日常巡视过程戴防尘口罩、耳塞等劳动防护用品，防止由于粉尘、噪声导致危害。 ③检查受限空间作业时，穿戴好防护用品防止窒息。 ④与设备转动部位保持安全距离，防止误碰转动设备造成的机械伤害。 ⑤现场巡视时戴好安全帽，不在无关检修区域逗留，防止发生高处落物受伤。 ⑥严格按照作业规程安排工作，杜绝发生违章指挥
	锅炉检修	锅炉维护班工作负责人	①由于安全措施执行不当导致机械伤害，误入其他设备间隔导致的机械伤害。 ②粉尘浓度超限导致火灾、爆炸危险。 ③高处作业导致高处坠落。 ④安全措施未全部执行导致烫伤。 ⑤作业过程中违章指挥，监护职责履行不到位，导致失去监护，发生设备损坏、人身伤害。 ⑥由于粉尘导致危害职业健康	①防止安全措施执行不当导致机械伤害，工作前检查安全措施已执行；核对设备位置，防止误入其他设备间隔导致的机械伤害；工作现场做好隔离警戒防止他人误入。 ②工作场所应保持良好通风，定期检测可燃气体浓度在合格范围内，防止粉尘浓度超限导致火灾、爆炸危险。 ③登高作业正确佩戴合格的安全带，高挂低用，脚手架按规定验收签字，高处作业应使用工具袋上下传递，不得上下抛物，工作地点下面禁止通行，应有警戒隔离措施，防止高处作业发生高处坠落、高处落物伤害。 ④作业前戴防烫手套，穿防烫工作服，戴好防护面具，工作时应站在灰渣门的一侧，斜着使用工具，防止高温未燃尽灰喷出导致烧伤、烫伤。 ⑤开工后工作负责人应始终在现场对工作班组成员认真监护，及时纠正不安全的行为，拒绝下达违反安全工作规程规定的指令。 ⑥应佩戴防尘口罩、防护眼镜、手套等劳动防护用品，防止由于粉尘导致的职业健康危害

工种（A）	分类（B）	岗位（C）	危险点（E）	防范措施（F）
检修专业	锅炉检修	锅炉维护班工作班成员	①动火作业发生火灾、爆炸。 ②高处作业发生高处坠落、高处落物伤人。 ③使用工器具造成的物体打击伤害。 ④作业由于粉尘导致危害职业健康。 ⑤高温未燃尽灰喷出导致烧伤、烫伤	①应办理动火工作票，作业前检查并清理工作现场易燃易爆物品，并做好防止发生火灾的安全措施，工作现场放置合格的灭火器，防止周围存放易燃易爆物品导致发生火灾、爆炸。 ②登高作业正确佩戴合格的安全带，高挂低用，脚手架按规定验收签字，高处作业应使用工具袋上下传递，不得上下抛物，工作地点下面禁止通行，应有警戒隔离措施，防止高处作业时发生高处坠落、高处落物。 ③工作前认真检查工器具合格，并按照规定使用，正确穿戴劳动防护用品，防止使用工器具时发生物体打击伤害。 ④应佩戴防尘口罩、防护眼镜、手套等劳动防护用品，防止由于粉尘导致危害。 ⑤作业前戴防烫手套，穿防烫工作服，戴好防护面具，工作时应站在灰渣门的一侧，斜着使用工具，防止高温未燃尽灰喷出导致烧伤、烫伤
	电气一次检修	电气一次维护班班长 电气一次维护班安全员	①高温高压管道烫伤、烧伤。 ②由于粉尘、噪声导致危害职业健康。 ③误碰转动设备造成的机械伤害。 ④误碰带电设备造成的触电伤害。 ⑤高处落物伤害。 ⑥作业过程中违章指挥	①日常巡视过程中远离高温高压管道，防止发生烫伤、烧伤。 ②日常巡视过程戴防尘口罩、耳塞等劳动防护用品，防止由于粉尘、噪声导致危害职业健康。 ③与设备转动部位保持安全距离，防止误碰转动设备造成的机械伤害。 ④远离带电设备，不随意触碰带电设备，防止发生触电伤害，进出配电室随手锁门，防止他人误入发生触电伤害。 ⑤现场巡视时戴好安全帽，不在无关检修区域逗留，防止发生高处落物受伤。 ⑥严格按照作业规程安排工作，杜绝发生违章指挥
		电气一次维护班工作负责人	①工作地点、任务不明确导致走错间隔触电。 ②安全措施未执行导致的触电。 ③设备试转时发生机械伤害。 ④使用工器具造成的物体打击伤害。 ⑤工作班成员状态不好导致误碰带电设备触电	①作业前核对设备名称、编号并在工作地点设置遮拦和安全警示标识牌，防止工作地点、任务不明确导致走错间隔触电。 ②开工前认真检查安全措施已执行，防止安全措施未执行导致的触电。 ③设备试运前所有人员应先远离，站在转动机械的轴向位置，以防转动部分飞出伤人，防止设备试转时发生物体打击伤害。 ④工作前认真检查工器具合格，熟悉操作规程，正确穿戴劳动防护用品，防止使用不当造成的伤害。 ⑤开工后应始终在现场对工作班组成员认真监护，及时纠正不安全的行为，拒绝下达违反安全工作规程规定的指挥

工种（A）	分类（B）	岗位（C）	危险点（E）	防范措施（F）
检修专业	电气一次检修	电气一次维护班工作班成员	①工作地点、任务不明确导致走错间隔触电。 ②安全措施未执行导致的触电。 ③使用工器具造成的物体打击伤害。 ④设备试转时发生机械伤害。 ⑤作业中未佩戴劳动防护用品导致误碰带电设备触电	①作业前核对设备名称、编号并在工作地点设置遮拦和安全警示标识牌，防止工作地点、任务不明确导致走错间隔触电。 ②开工前会同工作许可人认真检查安全措施已执行到位，防止安全措施未执行导致的触电。 ③工作前认真检查工器具合格，熟悉操作规程，正确穿戴劳动防护用品，防止使用不当造成的伤害。 ④注意衣服、擦拭材料及随身物件被设备挂住，要扣紧袖口，做好防滑等措施，防止设备试转时发生机械伤害。 ⑤防止作业中未佩戴劳动防护用品导致的误碰带电设备触电，应穿绝缘鞋或站在干燥的绝缘物上，并戴绝缘手套和护目眼镜，穿全棉长袖工作服，设专人监护
		除脱维护班班长 除脱维护班安全员	①由于粉尘、噪声导致危害职业健康。 ②受限空间作业导致窒息。 ③误碰转动设备造成的机械伤害。 ④高处落物伤害。 ⑤作业过程中违章指挥	①日常巡视过程戴防尘口罩、耳塞等劳动防护用品，防止由于粉尘、噪声导致危害职业健康。 ②检查受限空间作业时穿戴好防护用品，防止窒息。 ③与设备转动部位保持安全距离，防止误碰转动设备造成的机械伤害。 ④现场巡视时戴好安全帽，不在无关检修区域逗留，防止发生高处落物受伤。 ⑤严格按照作业规程安排工作，杜绝发生违章指挥
	除脱检修	除脱维护班工作负责人	①高处作业发生高处坠落、落物伤人。 ②作业空间氧气含量不足导致窒息。 ③动火作业发生火灾。 ④使用工器具时发生物体打击伤害。 ⑤照明不足导致的人员碰伤。 ⑥安全措施未执行导致转动机械伤害	①登高作业正确佩戴合格的安全带，高挂低用，脚手架按规定验收签字，防止高处作业发生高处坠落伤害。高处作业应使用工具袋上下传递不得上下抛物，工作地点下面禁止通行应有警戒隔离措施，防止高处落物伤人。 ②作业前办理受限空间作业许可手续，提前进行通风，进入前检测氧气含量在19.5%～21.5%，有毒有害气体在合格范围内，防止作业空间氧气含量不足导致窒息。 ③持票作业并定期检测可燃气体浓度在合格范围内，在动火区域下方铺设防火毯或挂好接火盆，放置消防器材，设专人监护，随时对工作地点进行防火检查，防止动火作业发生火灾。 ④工作前认真检查工器具合格，并按照规定使用，正确穿戴劳动防护用品，防止使用工器具造成的物体打击伤害。

工种（A）	分类（B）	岗位（C）	危险点（E）	防范措施（F）
检修专业	除脱检修			⑤作业前检查工作照明充足，进入容器内使用的行灯电压不得超过12V，防止内部照明不足导致的人员碰伤。 ⑥开工前认真检查安全措施已执行到位，防止安全措施未执行导致转动机械伤害
		除脱维护班工作班成员	①作业空间氧气含量不足导致窒息。 ②高处作业发生高处坠落、高处落物伤人。 ③使用工器具造成的物体打击伤害。 ④作业时由于粉尘导致危害职业健康。 ⑤误入其他间隔导致的机械伤害。 ⑥工作前未放电导致的触电	①作业前办理受限空间作业许可手续，提前进行通风，进入前检测氧气含量在19.5%~21.5%，有毒有害气体在合格范围内，防止作业空间氧气含量不足导致窒息。 ②登高作业正确佩戴合格的安全带，高挂低用，脚手架按规定验收签字，高处作业应使用工具袋上下传递不得上下抛物，工作地点下面禁止通行应有警戒隔离措施，防止高处作业时发生高处坠落、高处落物。 ③工作前认真检查工器具合格，并按照规定使用，正确穿戴劳动防护用品，防止使用工器具时发生物体打击伤害。 ④应佩戴防尘口罩、防护眼镜、手套等劳动防护用品，防止由于粉尘导致危害职业健康。 ⑤认清设备位置，熟悉现场设备，勿走错间隔，工作现场做好隔离警戒，防止他人误入。 ⑥进入电除尘内部前，对阴极线进行验电，并接地，防止工作前未放电导致的触电
	化学检修	化学维护班班长 化学维护班安全员	①进入制氢站未交出火种，未进行登记。 ②酸碱等化学品灼伤、中毒。 ③受限空间作业导致窒息。 ④误碰带电设备造成的触电伤害。 ⑤作业过程中违章指挥	①日常巡视进入制氢站交出火种，履行登记制度，禁止无关人员进入，不得携带打火机等火种、手机、摄像机等非防爆电子设备。 ②日常巡视过程中远离酸碱管道防止发生化学品灼伤、中毒。 ③检查受限空间作业时，穿戴好防护用品防止窒息。 ④远离带电设备，不随意触碰带电设备防止发生触电伤害。 ⑤严格按照作业规程安排工作，杜绝发生违章指挥
		化学维护班工作负责人	①由于安全措施执行不当导致机械伤害，误入其他设备间隔导致的机械伤害。 ②存在有毒有害气体导致中毒或窒息。 ③酸碱泄漏导致的灼烫。	①防止安全措施执行不当导致机械伤害，工作前应检查安全措施已执行到位，达到全过程安全工作条件，符合现场实际。作业前核对设备位置，防止误入其他设备间隔导致的机械伤害，工作现场做好隔离警戒，防止他人误入。

工种（A）	分类（B）	岗位（C）	危险点（E）	防范措施（F）
			④酸碱泄漏环境污染事件。 ⑤液氨泄漏导致的冻伤危险。 ⑥可燃气体浓度达到极限值导致的火灾爆炸。	②检查作业现场有良好的通风，必要时强制通风，工作时应佩戴合格的呼吸器，防止存在有毒有害气体导致中毒或窒息。 ③工作时穿好防酸碱工作服、胶鞋，戴橡胶手套、防护眼镜等劳动防护用品，清楚现场工冲洗水、毛巾、药棉及急救时中和用的溶液位置，防止酸碱泄漏导致的灼烫。 ④对泄漏的酸碱液必须回收至废水处理系统，禁止直接外排，防止酸碱泄漏环境污染事件。 ⑤正确佩戴防冻手套，防止液氨泄漏导致的冻伤危险。 ⑥工作场所用保持良好通风，定期检测可燃气体浓度在合格范围内，防止可燃气体浓度达到极限值导致的火灾爆炸
检修专业	化学检修	化学维护班检修工	①进入制氢站未交出火种，未进行登记。 ②存在有毒有害气体导致中毒或窒息。 ③酸碱泄漏导致的灼烫。 ④使用非铜制工器具导致电火花。 ⑤液氨泄漏导致的冻伤危险。 ⑥可燃气体浓度达到极限值导致的火灾爆炸。	①进入制氢站交出火种，履行登记制度，禁止无关人员进入，不得携带打火机等火种、手机、摄像机等非防爆电子设备。进入前应触摸静电释放器，消除人体静电。 ②作业时应正确佩戴合格的安全防护用品；有毒有害气体浓度超标时，应佩戴正压式空气呼吸器，防止有毒有害泄漏气体导致中毒。 ③工作时穿好防酸碱工作服、胶鞋，戴橡胶手套、防护眼镜等劳动防护用品，清楚现场工冲洗水、毛巾、药棉及急救时中和用的溶液位置，防止酸碱泄漏导致的灼烫。 ④氢站、氨区检修前检查使用铜制工具，以免产生火花，发生火灾爆炸危险。 ⑤正确佩戴防冻手套，防止液氨泄漏导致的冻伤危险。 ⑥工作场所用保持良好通风，定期检测可燃气体浓度在合格范围内，防止可燃气体浓度达到极限值导致的火灾爆炸
	输煤检修	输煤维护班班长 输煤维护班安全员	①误碰转动机械发生机械伤害。 ②误入带电间隔发生触电。 ③误碰转动皮带发生绞伤。 ④未佩戴劳动防护用品发生职业健康危害。 ⑤作业过程中违章指挥	①巡视中远离设备转动部分，试转中远离试运设备。 ②巡视过程中不随意进入带电区域。 ③按照安规要求着装，跨越皮带走专用通道。 ④正确佩戴劳动防护用品，防止粉尘伤害。 ⑤严格按照作业规程安排工作，杜绝发生违章指挥

续表

工种（A）	分类（B）	岗位（C）	危险点（E）	防范措施（F）
检修专业	输煤检修	输煤维护班工作负责人 输煤维护班工作班成员	①由于安全措施执行不当导致机械伤害，误入其他设备间隔导致的机械伤害。 ②工器具使用使用不当导致物体打击伤害。 ③动火作业发生火情致烧伤。 ④误碰运行中设备，误入间隔导致机械伤害。 ⑤高处作业发生高处坠落或者高处落物伤人。 ⑥未佩戴劳动防护用品发生职业健康危害。 ⑦作业过程中违章指挥	①防止安全措施执行不当导致机械伤害，工作前应检查安全措施已执行到位。作业前核对设备位置，防止误入其他设备间隔导致的机械伤害，工作现场做好隔离警戒防止他人误入。 ②作业前检查工器具良好备用，防护罩完好。 ③动火作业前清除可燃物品，定期检测现场粉尘浓度，切割作业气瓶距离符合安规要求。 ④检修中禁止随意跨越皮带及触碰转动机械，明确作业区域。 ⑤登高作业正确佩戴合格的安全带，高挂低用，脚手架按规定验收签字，防止高处坠落。 ⑥正确佩戴劳动防护用品，防止粉尘伤害。 ⑦严格按照作业规程安排工作，杜绝发生违章指挥
	热控检修	热控维护班班长 热控维护班安全员	①作业过程中违章指挥。 ②布置工作地点、任务不明确导致走错间隔。 ③使用不合格的工器具导致设备损坏。 ④触碰高温高压管道导致烫伤、烧伤。 ⑤误碰带电设备造成的触电伤害。 ⑥高处落物伤害。 ⑦靠近转动机械发生机械伤害	①严格按照作业规程安排工作，杜绝发生违章指挥。 ②安排工作任务时，明确设备名称及工作内容，防止走错间隔。 ③对使用工器具定期进行检查、更换，防止员工使用不合格的工具导致设备损坏。 ④日常巡视过程中远离高温高压管道，防止发生烫伤、烧伤。 ⑤远离带电设备，不随意触碰带电设备，防止发生触电伤害。 ⑥现场巡视时戴好安全帽，不在无关检修区域逗留，防止发生高处落物受伤。 ⑦在转动机械旁工作时，注意着装，防止有衣架、线头搅入机械中造成伤人
		热控维护班工作负责人 热控维护班工作班成员	①工作地点、任务不明确导致走错间隔误碰带电设备导致人身触电。 ②使用不合格的工器具或检修后物品遗留导致设备损坏。 ③作业中未佩戴劳动防护用品导致损害人身健康。 ④高温区域作业发生烫伤及长时间作业发生中暑。 ⑤高处作业发生高处坠落及高处落物。 ⑥靠近转动机械发生机械伤害。 ⑦作业过程中违章指挥	①开工前办理工作票，联系运行人员确定设备名称及编号，并告知工作班成员工作范围及工作内容；开工前先验电，确定无电后开始工作，所有未验电的设备均视为带电设备。 ②开工前检查相关工器具，对不合格的工器具进行更换；工作完成后，按照"五不结束"原则检查确认工作完成。 ③工作时按照工作环境，督促工作班成员佩戴相应的劳动防护用品。 ④日常巡视及日常工作中远离高温高压管道，防止发生烫伤、烧伤，在高温区域长时间作业，注意工作班成员轮换休息并及时补充水分，防止中暑。

续表

工种（A）	分类（B）	岗位（C）	危险点（E）	防范措施（F）
检修专业	热控检修			⑤作业正确佩戴合格的安全带，高挂低用，脚手架按规定验收合格签字后使用，防止高处作业导致高处坠落。高处作业应使用工具袋上下传递不得上下抛物，工作地点下面禁止通行应有警戒隔离措施，防止高处落物伤人。现场巡视时戴好安全帽，不在无关检修区域逗留，防止发生高处落物受伤。 ⑥在转动机械旁工作时，注意自己及工作班成员的着装，防止有衣架、线头搅入机械中造成伤人。 ⑦严格按照作业规程安排工作，杜绝发生违章指挥
	电气二次检修	电气二次维护班班长	①高温高压管道烫伤、烧伤。 ②机械转动部分人身伤害。 ③人身触电伤害。 ④误碰带电设备造成的触电伤害。 ⑤测量电源量工器具绝缘不良导致人身触电。 ⑥作业过程中违章指挥	①日常巡视过程中远离高温高压管道防止发生烫伤、烧伤。 ②现场消缺试运机械转动部分时应保持安全距离，防止机械伤害。 ③工作前先验电，确认带电部分后再进行工作。 ④远离带电设备，不随意触碰带电设备防止发生触电伤害。 ⑤现场工作时检测电压、电流量使用绝缘合格的工器具，防止工器具不合格导致人身触电。 ⑥严格按照作业规程安排工作，杜绝发生违章指挥
		电气二次维护班安全员	①工作地点、任务不明确导致走错间隔触电。 ②安全措施未执行导致的触电。 ③使用不合格的工器具导致设备损坏。 ④设备试转时发生机械伤害。 ⑤检修废物资随意存放导致破坏环境。 ⑥人身触电伤害	①工作前认真核对设备名称及KKS码，防止走错间隔。 ②执行工作票前，先确认所做安全措施是否到位、合格，满足开工要求时进行开工。 ③现场工作时检测电压、电流量使用绝缘合格的工器具，防止工器具不合格导致人身触电。 ④现场消缺试运机械转动部分时应保持安全距离，防止机械伤害。 ⑤工器具与量具不落地，设备零部件不落地，油污不落地。检修工作结束后，应做到"工完、料净、场地清"。 ⑥工作前先验电，确认带电部分后再进行工作
		电气二次维护班工作负责人	①工作班成员误走错间隔。 ②高温区域作业时发生烫伤危险。 ③高处作业发生高处坠落及高处落物。	①工作前认真核对设备名称及KKS码，防止走错间隔。 ②试运转机设备应与高温高压部分保持安全距离，防止人身伤害。

工种（A）	分类（B）	岗位（C）	危险点（E）	防范措施（F）
检修专业	电气二次检修		④设备停电未进行验电易造成人身触电。 ⑤由于粉尘导致的职业健康危害。 ⑥误碰带电设备造成的触电伤害	③高处作业时应防止工器具及备件高处作业，交叉作业时注意高处坠物。 ④设备停电后先验电，确认无电后再进行工作。 ⑤在恶劣环境工作时必须佩戴安全防护器具，防止粉尘导致人身伤害。 ⑥工作时明确带电部位，应与带电部位保持安全距离，防止人身触电
		电气二次维护班工作班成员	①测点位置及接线位置不清楚，走错间隔，误动设备导致设备损坏。 ②设备停电未进行验电易造成人身触电。 ③作业中未佩戴劳动防护用品导致的误碰带电设备触电。 ④检修后检查不仔细导致物品遗留损坏设备。 ⑤工作班成员状态不好导致误碰带电设备触电。 ⑥由于粉尘导致的职业健康危害	①工作前认真核对设备图纸，开工前认真核对设备名称及KKS码，防止误入带电间隔。 ②设备停电后先验电，确认无电后再进行工作。 ③工作时必须佩戴安全防护用品，工作时必须两人或两人以上进行工作，其中一个进行监护工作。 ④检修工作完成后拆除备件及工器具进行清点，防止将工器具遗留在设备运行间隔内导致设备损坏。 ⑤作为工作班成员，精神不振、状态不好禁止进入现场工作，防止误入带电间隔导致人身触电。 ⑥在恶劣环境工作时必须佩戴安全防护器具，防止粉尘导致人身伤害
	综合检修	综合专业维护班班长 综合专业维护班安全员	①照明不足发生碰伤、跌伤。 ②巡视中发生高处坠落或高处落物伤人。 ③巡视中被高温管道烫伤、烧伤。 ④误碰带电设备发生触电。 ⑤误碰转动机械发生机械伤害。 ⑥违章指挥发生窒息、中毒等群伤事件	①日常巡视中带好手电，注意孔、洞，防止误入检修作业点。 ②巡视中戴好安全帽，高处指导作业带好安全带。 ③远离高温高压管道，靠近时穿戴好防护用品。 ④远离带电设备，检查工器具时确认断电。 ⑤远离转机设备，按照安规要求穿戴好防护用品。 ⑥严格按照检修规程安排作业，杜绝违章指挥
		综合专业保温负责人 综合专业保温检修工	①高处作业导致的人员高处坠落。 ②高处坠物，工具、材料、零件高处坠落伤人。 ③作业现场照度不良导致的跌落、碰伤。 ④高温、高压作业处发生烧伤、烫伤。 ⑤作业过程中违章指挥	①高处作业人员必须戴安全帽，系好安全带，并高挂低用；安全带使用前检查合格备用，悬挂安全带点要牢固。 ②高处作业使用的工具、材料、零件必须装入工具袋，上下时手中不得持物；不准空中抛接工具、材料及其他物品。 ③现场作业应保证有足够的照明。 ④戴好个人劳动防护用品，穿防烫服、戴防烫手套，熟知应急设备、药品位置和使用方法。 ⑤严格按照检修规程安排作业，杜绝违章指挥

续表

工种（A）	分类（B）	岗位（C）	危险点（E）	防范措施（F）
检修专业	综合检修	综合专业架子负责人 综合专业架子检修工	①高处作业架子失稳、使用不合格材料导致的人员高处坠落。 ②高处坠物，工具、材料、零件高处坠落伤人。 ③安全带系挂不规范导致高处坠落。 ④高温、高压作业处发生烧伤、烫伤。 ⑤作业过程中违章指挥	①高处作业人员必须戴安全帽、系好安全带，并高挂低用；安全带使用前检查合格备用，悬挂安全带点要牢固；作业前验收脚手架稳定且有可靠支护。 ②高处作业使用的工具、材料、零件必须装入工具袋，上下时手中不得持物；不准空中抛接工具、材料及其他物品。 ③高处作业前检查安全带良好备用，按照安规要求系挂。 ④尽量远离高温高压管道，在高温管道附近作业时做好防护。 ⑤严格按照检修规程安排作业，杜绝违章指挥
		综合专业土建负责人 综合专业土建检修工	①基坑失稳导致淹溺。 ②高处作业发生坠落或被高处落物砸伤。 ③安全带系挂不规范导致高处坠落。 ④工器具使用不当导致触电。 ⑤作业过程中违章指挥	①作业前检查基坑支护情况，保证稳定防止坍塌。 ②作业人员必须戴安全帽、系好安全带，并高挂低用；安全带使用前检查合格备用，悬挂安全带点要牢固；高处作业使用的工具、材料、零件必须装入工具袋，上下时手中不得持物；不准空中抛接工具、材料及其他物品。 ③高处作业前检查安全带良好备用，按照安规要求系挂。 ④作业前检查电动工具、水泵绝缘合格、带电部分无破损。 ⑤严格按照检修规程安排作业，杜绝违章指挥
		综合专业保洁员	①打扫高温管道时发生烧伤、烫伤。 ②交叉作业时发生空中落物伤人。 ③打扫转动设备时发生机械伤人。 ④接触带电设备发生触电。 ⑤高处作业时发生高处坠落。 ⑥在粉尘、高温环境下作业发生职业健康危害	①远离高温高压设备及管道，不在附近无故长时间逗留，防止烧伤烫伤。 ②工作时正确佩戴安全帽，将长发盘入帽内，防止高处落物伤人；穿防滑鞋，防止滑跌；着装做到"三紧"，衣领紧、袖口紧、下摆扣子紧，防止被转动机械绞住发生伤害；熟悉工作环境及所属区域，防止误入检修区域发生伤害。 ③在清扫过程中严禁误碰误动，不触碰带电设备、开关、按钮、阀门。 ④打扫配电室的工作人员禁止触碰配电柜，防止人身触电。 ⑤清扫作业中注意孔洞，防止跌落。 ⑥清扫作业中佩戴好防护用品，防止发生职业健康危害
		综合专业起重维护工	①无证作业发生人身伤害。 ②高处作业发生坠落或被高处落物砸伤。	①工作人员必须取得特种作业操作资格证，作业时应随时携带，防止未持证上岗、不了解起重设备性能导致发生人身伤害。

工种（A）	分类（B）	岗位（C）	危险点（E）	防范措施（F）
检修专业	综合检修		③作业点未隔离导致人员误入或误操作。 ④工器具使用不当导致的触电 ⑤施工现场未进行隔离，无专人监护，无警示牌导致误入人员受伤。	②检查进入司机室的通道连锁保护装置安全可靠，未经允许，任何人不得登上起重机或起重机的轨道，防止操作行车时发生高处坠落。 ③工作现场隔离警戒，起重吊物下方禁止人员停留和行走，防止使用临时起重时发生物体打击伤害。 ④使用前应检查所用起吊设备有检验合格证并在有效期内，防止使用不合格的起重工具发生的人员伤害。 ⑤工作现场隔离警戒，有专人监护，并设置警示牌，无关人员禁止入内，防止作业现场未警戒导致的人员误入受伤
		综合专业空调维护工	①无证作业发生人身伤害。 ②高处作业发生坠落或被高处落物砸伤。 ③作业未隔离导致人员误入或误操作发生冻伤。 ④工器具使用不当导致触电	①工作人员必须取得特种作业操作资格证，作业时应随时携带，防止未持证上岗、不了解设备性能导致发生人身伤害。 ②高处作业时佩戴好安全带，防止发生高处坠落。 ③工作现场隔离警戒，禁止无关人员进入随意触碰压缩剂。 ④使用前应检查所用工器具，防止发生触电
		综合专业电梯维护工	①无证作业发生人身伤害。 ②高处作业发生坠落或被高处落物砸伤。 ③作业未隔离导致人员误入或误操作。 ④工器具使用不当导致的触电	①工作人员必须取得特种作业操作资格证，作业时应随时携带，防止未持证上岗不了解设备性能导致发生人身伤害。 ②高处作业时佩戴好安全带，防止发生高处坠落。 ③工作现场隔离警戒，禁止无关人员进入检修期间误操作电梯设备发生绞伤。 ④作业前缺认设备已断电，防止发生触电
		综合专业焊接热切割工	①无证作业发生人身伤害。 ②高处作业发生坠落或被高处落物砸伤。 ③动火作业发生火灾、烧伤。 ④误碰高温高压管道发生烧伤、烫伤。 ⑤未穿戴防护用品发生职业健康危害	①工作人员必须取得特种作业操作资格证，作业时应随时携带，防止未持证上岗不了解设备性能导致发生人身伤害。 ②高处作业时佩戴好安全带，防止发生高处坠落。 ③动火作业按照规定定期检测可燃物浓度，清除可燃物防止发生火灾导致烧伤。 ④作业中远离高温管道，必要时穿戴好防护用品。 ⑤佩戴防护眼镜，防止发生职业健康危害
运行专业	主机运行	值长	①未掌握主要设备状况和系统运行方式。 ②重大操作人员分配不合理，埋下异常和事故隐患。 ③当班期间下达违规操作命令。	①及时掌握主要设备状况和系统运行方式，组织相关人员做好事故预想工作。 ②在重大操作时，要根据班组成员情况合理安排工作。 ③核对操作任务后再下达操作命令。

续表

工种（A）	分类（B）	岗位（C）	危险点（E）	防范措施（F）
运行专业	主机运行		④对班组人员当班期间精神状态把握不清楚。 ⑤布置重要工作时未交代安全隐患、危险因素等。 ⑥在现场巡视或指挥工作时要存在物体打击、机械伤害、触电等各种危险因素。 ⑦对班组成员思想意识和业务水平提升未进行及时掌握和了解，下令和发布任务时未掌握实际情况，导致管理上的失职造成异常或事故发生	④当班期间要及时了解本班组人员身体和精神状况。 ⑤布置重要工作时要进行危险因素分析。 ⑥进入工作现场时，要时刻对现场存在的各种危险因素进行辨识。 ⑦及时掌握和了解班组成员的思想动态和技术水平
		单元长	①未全面掌握设备状况和系统运行方式。 ②值班期间下达违规操作命令。 ③对班组人员当班期间精神状态把握不清楚。 ④布置工作时未交代安全隐患、危险因素等。 ⑤重要操作未进行事故预想。 ⑥重大操作人员分配不合理，埋下异常和事故隐患。 ⑦在现场巡视或指挥工作时要存在物体打击、机械伤害、触电等各种危险因素	①及时掌握主要设备状况和系统运行方式，组织相关人员做好事故预想工作。 ②核对操作任务后再下达操作命令。 ③当班期间要及时掌握本班组人员身体和精神状况。 ④布置工作时要进行危险因素分析。 ⑤重要操作前进行事故预想工作。 ⑥在重大操作时要根据班组成员情况合理安排工作。 ⑦进入工作现场时要时刻对现场存在的各种危险因素进行辨识
		集控主值 集控副值	①误接口令、误操作，导致异常或事故的发生。 ②值班期间下达违规操作命令。 ③操作监护不到位造成异常或事故发生。 ④交接班未交接清，没能及时掌握运行状况造成异常发生。 ⑤重大操作人员分配不合理，埋下异常和事故隐患。 ⑥两票执行过程中未能按照规定进行两票的把控，造成异常或事故发生。 ⑦运行监视不认真导致异常发生。 ⑧就地巡检、操作，容易发生高处坠落及高处落物危险。 ⑨现场的电气设备存在触电的危险。 ⑩现场高温设备存在烫伤的危险。 ⑪现场转动设备存在机械伤害的危险。 ⑫生产区域粉尘浓度大、噪声大有造成职业病危险	①接到上级操作命令时要核对操作命令。 ②核对操作任务无误后再下达操作命令。 ③操作时要认真执行监护人职责。 ④交接班时要及时了解和掌握本机组的运行状况。 ⑤在重大操作时要根据班组成员情况合理安排工作。 ⑥严格按照"两票"要求执行工作票和操作票。 ⑦运行监视过程中认真监盘，及时查看报警勤翻看监控画面。 ⑧进入现场工作时要佩戴好安全帽，做好现场的危险辨识。 ⑨进入现场工作时穿好绝缘鞋，并与带电设备保持安全距离，不误碰带电设备。 ⑩现场巡检过程中应快速通过高温、高压水位计和蒸汽管道法兰、锅炉的看火孔和人孔门处。 ⑪进入现场与转动设备保持安全距离。 ⑫进入粉尘浓度大的生产区域要佩戴好防尘口罩，进入噪声大的生产区域要佩戴好耳塞

工种（A）	分类（B）	岗位（C）	危险点（E）	防范措施（F）
运行专业	主机运行	集控巡检	①误接口令、误操作，导致异常或事故的发生。 ②现场管路复杂处，容易发生人员绊倒等危险。 ③现场高温设备存在烫伤的危险。 ④生产区域粉尘浓度大、噪声大造成人身危险。 ⑤就地巡检、操作，容易发生高处坠落及高处落物危险。 ⑥无票操作时易存在误操作或漏项操作造成损坏设备或人身危险事故。 ⑦现场转动设备存在机械伤害的危险。 ⑧现场电气设备存在触电危险	①接到操作命令时要与发令人核对操作命令。 ②进入到环境复杂的工作现场时要观察好现场环境。 ③现场巡检过程中应快速通过高温、高压水位计和蒸汽管道法兰、锅炉的看火孔和人孔门处。 ④进入粉尘浓度大的生产区域要佩戴好防尘口罩，进入噪声大的生产区域要佩戴好耳塞或耳罩。 ⑤进入现场工作时要佩戴好安全帽，做好现场的危险辨识。 ⑥在运行操作时要严格执行操作票，按照操作票逐项操作。 ⑦进入现场与转动设备保持安全距离。 ⑧进入现场工作时穿好绝缘鞋，并与带电设备保持安全距离，不误碰带电设备
		化学值班员	①误接口令、误操作，导致异常或事故的发生。 ②运行监视不认真导致异常发生。 ③操作监护不到位造成异常或事故发生。 ④交接班交接不清楚，没能及时掌握运行状况造成异常发生。 ⑤重大操作人员分配不合理，埋下异常和事故隐患。 ⑥两票执行过程中未能按照正常规定进行两票的把控，造成异常或事故发生。 ⑦氢站和氨区存在发生火灾、爆炸危险。 ⑧氨区存在氨气中毒的危险。 ⑨化学药品操作发生中毒、灼烫危险。 ⑩现场巡视或工作时高处落物危险。 ⑪井下阀门操作，通风不畅，发生人员窒息危险。 ⑫汽水取样操作由于高温高压管道发生泄漏，造成烫伤危险。 ⑬压力容器操作时，操作不当或设备发生泄漏，出现爆破伤人危险。 ⑭现场转动设备存在机械伤害的危险。 ⑮现场电气设备存在触电危险	①接到操作命令时要与发令人核对操作命令。 ②运行监视过程中认真监盘，及时查看报警勤翻看监控画面。 ③操作时要认真执行监护人职责。 ④交接班时要及时了解和掌握本专业的运行状况。 ⑤在重大操作时要根据专业人员情况合理安排工作。 ⑥严格按照"两票"要求执行工作票和操作票。 ⑦进入氢站和氨区要严格遵守安全管理制度。 ⑧氨区进行操作时保持现场通风和正确佩戴安全防护用品。 ⑨在使用化学药品时正确佩戴好防护用品。 ⑩现场巡视或工作时佩戴好安全帽，不在无关检修区域逗留防止发生物体打击事件。 ⑪井下阀门操作时，要先通风、再检测、最后进行操作。 ⑫汽水取样操作时要佩戴好防护用品。 ⑬压力容器操作时按照运行规程进行操作。 ⑭进入现场与转动设备保持安全距离。 ⑮进入现场工作时穿好绝缘鞋，并与带电设备保持安全距离，不误碰带电设备

工种（A）	分类（B）	岗位（C）	危险点（E）	防范措施（F）
		化学巡检	①误接口令、误操作，导致异常或事故的发生。 ②化学药品操作发生中毒、腐蚀危险。 ③现场巡检或工作时高处落物危险。 ④汽水取样操作由于高温高压管道发生泄漏，造成烫伤危险。 ⑤氨区存在氨气中毒的危险。 ⑥压力容器操作时，操作不当或设备发生泄漏，出现爆破伤人危险。 ⑦井下阀门操作通风不畅，发生人员窒息危险。 ⑧氢站和氨区存在发生火灾、爆炸危险。 ⑨无票操作时易存在误操作或漏项操作造成损坏设备或人身危险事故。 ⑩现场电气设备存在触电危险	①接到操作命令时要与发令人核对操作命令。 ②在使用化学药品时正确佩戴好防护用品。 ③现场工作时佩戴好安全帽，不在无关检修区域逗留防止发生物体打击事件。 ④汽水取样操作时要佩戴好防护用品。 ⑤氨区进行操作时保持现场通风和正确佩戴安全防护用品。 ⑥严格按照运行规程进行压力容器操作时避免出现误操作。 ⑦井下阀门操作时，要先通风，再检测，最后进行操作。 ⑧进入氢站和氨区要严格遵守安全管理制度。 ⑨在运行操作时要严格执行操作票，按照操作票逐项操作。 ⑩进入现场工作时穿好绝缘鞋，并与带电设备保持安全距离，不误碰带电设备
运行专业	主机运行	除脱值班员	①误接口令、误操作，导致异常或事故的发生。 ②双机组DCS操作画面同一电脑，易导致误操作，造成设备损害或人身危险。 ③运行监视不认真导致异常发生。 ④操作监护不到位造成异常或事故发生。 ⑤交接班交接不清楚，没能及时掌握运行状况造成异常发生。 ⑥重大操作人员分配不合理，埋下异常和事故隐患。 ⑦两票执行过程中未能按照规定进行两票的把控，造成异常或事故发生。 ⑧现场转动设备存在机械伤害的危险。 ⑨现场存在高温烫伤的危险。 ⑩现场的电气设备存在触电的危险。 ⑪现场管路复杂处，容易发生人员绊倒等危险。 ⑫就地巡检、操作，容易发生高处坠落及高处落物危险。 ⑬生产区域粉尘浓度大、噪声大造成职业病的危险	①接到操作命令时要与发令人核对操作命令。 ②操作前核对好设备后再进行操作。 ③运行监视过程中认真监盘，及时查看报警勤翻看监控画面。 ④重大操作时严格执行监护制度。 ⑤交接班时要及时了解和掌握本专业的运行状况。 ⑥在重大操作时要根据专业人员情况合理安排工作。 ⑦严格按照"两票"要求执行工作票和操作票。 ⑧进入现场与转动设备保持安全距离。 ⑨现场巡检过程中应快速通过高温高压设备。 ⑩进入现场工作时穿好绝缘鞋，并与带电设备保持安全距离，不误碰带电设备。 ⑪进入到环境复杂的工作现场时，要观察好现场环境。 ⑫进入现场工作时要佩戴好安全帽，做好现场的危险辨识。 ⑬生产区域粉尘浓度大时要佩戴好防尘口罩，噪声大时要佩戴好耳塞或耳罩

工种（A）	分类（B）	岗位（C）	危险点（E）	防范措施（F）
运行专业	主机运行	除脱巡检	①误接口令、误操作，导致异常或事故的发生。 ②走错间隔，操作时发生误操作。 ③现场的电气设备存在触电的危险。 ④就地巡检、操作，容易发生高处坠落及高处落物危险。 ⑤生产区域粉尘浓度大、噪声大造成职业病危险。 ⑥现场存在高温烫伤的危险。 ⑦无票操作时存在误操作或漏项易造成损坏设备或人身危险事故。 ⑧现场管路复杂处，容易发生人员绊倒等危险。 ⑨现场转动设备存在机械伤害的危险	①接到操作命令时要与发令人核对操作命令。 ②操作前要核对设备名称。 ③进入现场工作时穿好绝缘鞋，并与带电设备保持安全距离，不误碰带电设备。 ④进入现场工作时要佩戴好安全帽，做好现场的危险辨识。 ⑤生产区域粉尘浓度大时要佩戴好防尘口罩，噪声大时要佩戴好耳塞或耳罩。 ⑥现场巡检过程中应快速通过高温高压设备。 ⑦在运行操作时要严格执行操作票，按照操作票逐项操作。 ⑧进入到环境复杂的工作现场时要观察好现场环境。 ⑨进入现场与转动设备保持安全距离
		化验室班长 化验室水组化验员 化验室油组化验员 化验室煤组化验员	①实验时高温物体发生烫伤的风险。 ②化学药品试剂等有腐蚀皮肤的风险。 ③化验时中毒窒息的风险。 ④实验过程中时存在发生火灾危险。 ⑤煤样实验时粉尘较大造成职业病危害。 ⑥实验操作中玻璃器皿破碎，容易划伤手指危险。 ⑦废油管理不当引起火灾	①接触高温物体时要戴好防烫手套，防止烫伤。 ②接触腐蚀性药品时要穿戴好防护用品。 ③做实验时要保持实验室通风畅通。 ④存在火灾危险的实验时要及时，将易燃易爆物品清理走。 ⑤在进行煤样试验时要戴好防尘口罩。 ⑥在拿玻璃器皿时要注意观察玻璃器皿是否损坏。 ⑦做好废油的管理工作，及时将废油清理走
		化学加药工	①加药工在加药过程中存在化学药品的腐蚀危险。 ②加药现场存在大量水泵、压缩机等转动机械，存在机械危险。 ③加药点分布在厂房内，现场噪声造成的职业病危险。 ④加药点都在室内，加药过程中有挥发性液体，通风效果较差时存在气体中毒的危险。 ⑤加药平台、加药口等存在高处作业，存在跌落危害	①加药过程中要正确佩戴好防护用品。 ②加药过程中要与转动机械保持安全距离不要误碰误动设备。 ③进入现场要佩戴好耳塞或耳罩。 ④加药过程中要正确佩戴好防护用品，并保持现场通风畅通。 ⑤在加药时不要过多将身体探出护栏
		放灰渣操作工	①未按照操作程序进行操作损坏设备。 ②车辆碰撞的危险。 ③高处落物的物体打击。 ④现场存在触电的危险。 ⑤放灰区域粉尘浓度大造成的职业危险	①严格按照操作程序进行操作。 ②车辆在运动时要远离车辆。 ③在现场工作时要正确佩戴好安全帽。 ④与带电设备保持安全距离，不误碰误动带电设备。 ⑤在放灰过程中正确佩戴好防护用品

续表

工种（A）	分类（B）	岗位（C）	危险点（E）	防范措施（F）
运行专业	主机运行	石灰石卸料操作工	①清扫车斗时高处坠落危险。 ②拉料车辆的碰撞危险。 ③装载机卸料时的碰撞危险。 ④卸料区域粉尘浓度大造成的职业危险	①清扫车斗时车辆必须在停车熄火下进行。 ②在车辆停车卸料时与车辆保持一定的安全距离。 ③装载机在卸料时严禁人员在车辆附近逗留。 ④在卸料过程中正确佩戴好防护用品
		石膏搬运操作工	①石膏坍塌造成人员掩埋的危险。 ②装载机装车时的碰撞的危险。 ③高处落物造成的物体打击危险	①现场不能出现石膏料坡度过陡的区域。 ②在装车过程中石膏库能不应有人员逗留。 ③在现场正确佩戴好安全帽
		磨煤机排渣工	①高处落物造成的物体打击危险。 ②装卸渣斗时叉车损坏设备的危险。 ③现场存在触电的危险。 ④擅自操作排渣控制箱操作不当造成磨煤机卸风压磨煤机压磨危险。 ⑤进入现场噪声造成职业危险。 ⑥现场转动设备存在的机械伤害危险	①在现场工作时要正确佩戴好安全帽。 ②在装卸渣斗时要缓慢操作。 ③与带电设备保持安全距离，不误碰误动带电设备。 ④严禁私自操作排渣控制柜，排渣时由集控运行人员进行操作。 ⑤进入现场佩戴好耳塞或耳罩。 ⑥进入现场与转动设备保持安全距离
	燃料运行	输煤运行主值 输煤运行副值 输煤运行安全员	①进入输煤现场有机械伤害的风险。 ②电气操作有触电的风险。 ③操作时有误操作的风险。 ④发令操作有违章指挥的风险	①进入输煤现场远离转动机械。 ②电气操作时按票进行，做好防护措施。 ③操作时认真思考，二次确认。 ④操作按照规程进行，禁止违章指挥、冒险作业
		输煤运行巡检	①走错间隔，操作时发生误操作。 ②就地巡检、操作，容易发生机械伤害。 ③现场电气设备存在人身触电风险。 ④输煤栈桥上下有滑倒、跌落的风险。 ⑤现场粉尘浓度大容易造成尘肺病	①操作时确认设备双重编号正确。 ②巡检、操作应远离转动设备，禁止伸手进入设备护罩内。 ③操作电气设备应确认电气设备无漏电现象，地面干燥，无乱拉、乱接电缆现象。 ④输煤栈桥内严禁跨越和底部穿越皮带，上下楼梯站稳扶好。 ⑤粉尘浓度大巡检时戴好防尘口罩等劳动防护用品
		斗轮机司机	①斗轮机上行走时有滑倒坠落的风险。 ②斗轮机巡视时有机械伤害的危险。 ③斗轮机上电气设备存在人身触电风险。 ④斗轮机回转时有触碰煤堆或煤场设施的风险。 ⑤煤场粉尘浓度大容易造成尘肺病	①斗轮机上行走时应观察慢行并扶好栏杆。 ②斗轮机巡视时小心靠近转动设备，禁止伸手进入设备护罩。 ③斗轮机上操作电气设备应确认电气设备时，完好无损、无漏电现象。 ④斗轮机回转时应前后观察仔细，禁止盲目操作。 ⑤煤场粉尘浓度大，应戴好防尘口罩等劳动防护用品

工种（A）	分类（B）	岗位（C）	危险点（E）	防范措施（F）
运行专业	燃料运行	翻车机司机	①翻车机区域内行走时有滑倒坠落的风险。 ②翻车机巡视时有机械伤害的危险。 ③跨越轨道及调车设备存在车辆碰撞挤压风险。 ④粉尘浓度大容易造成尘肺病	①翻车机区域内行走时应观察慢行并扶好栏杆。 ②翻车机巡视时小心靠近转动设备，禁止伸手进入设备护罩。 ③禁止跨越轨道及调车设备，车辆进入后禁止进入调车机区域。 ④翻卸中粉尘浓度大应戴好防尘口罩等劳动防护用品
		燃料采制班长	①车辆进入采样机有车辆碰撞的危险。 ②采样过程中采样机及车辆有高处落物的风险。 ③采样过程中进入检修平台有机械伤害的风险。 ④制样过程中，破碎机、滚筛及缩分机械有机械伤害的危险。 ⑤制样设备内部积粉有自燃的风险。 ⑥制样设备上电气部分存在人身触电风险	①车辆进入采样机应注意车辆碰撞。 ②采样过程中应防止高处坠物。 ③采样过程中应站在安全位置密切观察采样过程。 ④制样设备运行中禁止打开进料口门。 ⑤采制样设备内部积粉应定期清理。 ⑥采制设备电气部分出现故障应由专业人员进行修理
		燃料采样员	①车辆进入采样机有车辆碰撞的危险。 ②车辆行驶中轮胎遇挤压有爆胎的风险。 ③采样过程中采样机及车辆有高处落物的风险。 ④采样过程中进入检修平台有机械伤害的风险	①车辆进入采样机应注意车辆碰撞。 ②车辆行驶中应远离轮胎，防止爆胎。 ③采样过程中应站在安全位置密切观察采样过程。 ④采样过程中禁止进入采样机检修平台
		燃料制样员	①制样过程中，破碎机、滚筛及缩分机械有机械伤害的危险。 ②破碎过程中有物体打击的危险。 ③制样设备内部积粉有自燃的风险。 ④制样设备上电气部分存在人身触电风险	①制样过程中应小心操作破碎机、滚筛及缩分机械防止机械伤害的危险。 ②破碎过程中禁止打开设备，防止物体打击。 ③制样设备内部应定期清理，防止积粉自燃。 ④制样设备上电气部分应由专业电气人员操作
		燃料化验班长 燃料化验员	①使用明火、氧气等有泄漏导致火灾、爆炸的风险。 ②高温室、高温仪器等有发生烫伤的风险。 ③化学药品试剂等有腐蚀皮肤的风险。 ④化验用气体泄漏有中毒窒息的风险	①使用明火、氧气等应小心操作，避免操作错误造成伤害。 ②高温室、高温仪器操作时应戴好防烫手套，防止烫伤。 ③化学药品试剂应小心使用，避免溅到皮肤。 ④防止化验用气体泄漏，应定期进行检查
		煤场管理员	①指挥运煤车辆有发生交通事故的风险。	①指挥运煤车辆时应与车辆保持安全距离。 ②煤车翻卸时应远离翻卸车辆。

续表

工种（A）	分类（B）	岗位（C）	危险点（E）	防范措施（F）
运行专业	燃料运行		②煤车翻卸翻车有挤压伤害的风险。 ③煤粉浓度大有窒息、爆燃的风险。 ④煤堆坡度大有跌落的风险。 ⑤原煤存放时间长有自燃的风险	③煤粉浓度过大时应定期喷淋降尘，并戴好防护用品。 ④煤堆坡度大或出现陡坡后及时消除。 ⑤原煤存放时间长有自燃的风险时，及时将高温煤消除
		煤场作业机械司机	①与运煤车辆有发生交通事故的风险。 ②作业机械操作不当造成碰撞风险。 ③煤堆坡度大有车辆跌落的风险。 ④作业机械作业有人员掉落的风险。 ⑤煤场粉尘浓度大有窒息及自燃的风险	①进入煤场后应与车辆保持安全距离。 ②防止机械作业时操作不当造成碰撞，应仔细观察精心操作。 ③煤堆坡度大时应做好防护，及时消除陡坡并与煤堆边缘保持安全距离。 ④作业机械作业中应系好安全带，禁止探身车外。 ⑤场粉尘浓度大有窒息及自燃的风险，应定期喷水降低浓度
		燃料区域保洁员	①转动设备清扫有机械伤害的风险。 ②电气设备清扫有人身触电的风险。 ③栈桥楼梯冲洗有滑跌的风险。 ④粉尘浓度大有患职业病的风险	①转动设备附近清扫作业时禁止触碰转动设备。 ②禁止水冲洗电气设备，禁止触摸电气设备。 ③栈桥楼梯冲洗后及时清理积水，行走站立应扶好栏杆。 ④粉尘浓度大时，应佩戴好劳动防护用品

第三节 危险点分类数据库

危险类型（G）	危险点（H）	防范措施（I）
1. 物体打击（指失控物体的惯性力造成的人身伤害事故）	1. 高处坠物，工具、材料、零件高处坠落伤人	1. 本条防范措施有： ①现场巡视时戴好安全帽，不在无关检修区域逗留，防止发生高处落物受伤。 ②高处作业使用的工具、材料、零件必须装入工具袋，上下时手中不得持物；不准空中抛接工具、材料及其他物品。 ③检修作业现场铺设胶皮，防止小件物品，从格栅板网孔落下造成人员受伤。 ④作业下方坠落半径严禁通行，应拉设围网，必要时专人监护。 ⑤传递物料时严禁抛物等
	2. 工器具使用不当导致物体打击伤害	2. 本条防范措施有： ①工作前认真检查工器具合格，熟悉操作规程，正确穿戴劳动防护用品，防止使用不当造成的伤害。 ②打焦时不准用身体顶着工具以防打伤；工作人员应站在打焦口的侧面，斜着使用工具，现场要有人监护。 ③严禁用工具触碰、敲打设备运动部位，如用木棍清理输煤皮带杂物等

危险类型（G）	危险点（H）	防范措施（I）
1. 物体打击（指失控物体的惯性力造成的人身伤害事故）	3. 作业未隔离导致人员误入或误操作	3. 工作现场隔离警戒，起重吊物下方禁止人员停留和行走，防止使用临时起重时发生物体打击伤害
	4. 作业时运输设备物料飞溅伤人	4. 检查作业时个人劳动防护用品要佩戴齐全，严禁设备运行时擅自打开任何检查孔门
	5. 采样过程中采样机及车辆有高处落物造成物体打击伤害的风险	5. 应站在安全位置密切观察采样过程
	6. 破碎过程中有物体打击的危险	6. 应确认进料口严密关闭
	7. 操作过程中发生碰撞等机械伤害	7. 穿戴好劳动防护用品，使用合适的工器具
	8. 现场存在转动机械零部件飞出造成的物体打击危险	8. 巡检过程中应避免站立在转动设备的附近
	9. 设备运行故障导致零部件受离心作用抛出	9. 本条防范措施有： ①检查确认设备运行正常，防护罩、防护网完好齐全。 ②转动机械严禁倚靠、长时间停留
	10. 人为因素抛物	10. 严禁抛传物料、工具等
	11. 压力容器、管道、承压部件等爆破导致零件飞出	11. 检查压力容器、管道、承压部件等完好，严禁在周边停留，必要时佩戴防护用具
2. 车辆伤害（指本企业机动车辆引起的机械伤害事故）	1. 作业时发生车辆伤害	1. 本条防范措施有： ①在马路清扫的过程中，如遇车辆经过工作区域，应先避开车辆，待车辆安全通过方可作业。 ②作业中接打电话时到安全区域避让
	2. 车辆进入采样机有车辆碰撞的危险	2. 应注意车辆
	3. 指挥运煤车辆有发生交通事故的风险	3. 应与车辆保持安全距离
	4. 车辆进出灰库有车辆碰撞的危险	4. 应注意车辆
3. 机械伤害（指机械设备与工具引起的绞、碾、碰、割戳、切等伤害）	1. 由于安全措施执行不当导致机械伤害，误入其他设备间隔导致的机械伤害	1. 防止安全措施执行不当导致机械伤害，工作前检查安全措施已执行；核对设备位置，防止误入其他设备间隔导致的机械伤害；工作现场做好隔离警戒，防止他人误入
	2. 误碰转动设备造成的机械伤害	2. 与设备转动部位保持安全距离，防止误碰转动设备造成的机械伤害
	3. 设备试转时发生机械伤害	3. 设备试运前所有人员应先远离，站在转动机械的轴向位置，以防转动部分飞出伤人，防止设备试转时发生物体打击伤害
	4. 误碰转动皮带发生绞伤	4. 按照安规要求着装，跨越皮带走专用通道
	5. 打扫转动设备时发生机械伤人	5. 在清扫过程中严禁误碰误动，不触碰带电设备、开关、按钮、阀门
	6. 巡检、操作有发生机械伤害的风险	6. 应远离转动设备，禁止伸手进入设备护罩内
	7. 跨越轨道及调车设备存在车辆碰撞挤压风险	7. 禁止跨越轨道，车辆进入后禁止进入调车机区域
	8. 制样过程中，破碎机、滚筛及缩分机械有机械伤害的危险	8. 应远离转动机械
	9. 煤车翻卸翻车有挤压伤害的风险	9. 翻卸中远离翻卸车辆

危险类型（G）	危险点（H）	防范措施（I）
3. 机械伤害（指机械设备与工具引起的绞、碾、碰、割戳、切等伤害）	10. 启动磨煤机时存在机械伤害的风险	10. 磨煤机启动时就地人员要远离磨煤机
	11. 机械伤害的风险	11. 设备启动前要确认设备上无任何检修工作、无人员停留
	12. 运动车辆等或运动设备部件咬合处导致的人身夹击伤害	12. 本条防范措施有： ①严禁穿越、跨越、停留各类运动车辆、运动设备部件等空隙处（包括停止状态）。 ②严禁设备在不停运、停电情况下进行检修工作。 ③防护栏、防护罩、安全警示牌应齐全可靠
	13. 转动部件、部位导致的卷入和绞碾伤害	13. 本条防范措施有： ①严禁在转动机械上行走、作业。 ②长发盘入帽内，工衣三紧。 ③设备转动部位防护罩应完好可靠
	14. 其他转动工器具造成的切割伤害	14. 本条防范措施有： ①正确使用此类工器具。 ②正确佩戴防护用品
4. 起重伤害（指从事起重作业时引起的机械伤害事故）	1. 使用临时起重时发生物体打击伤害	1. 工作现场隔离警戒，起重吊物下方禁止人员停留和行走
	2. 使用不合格的起重工具发生的人员伤害	2. 使用前应检查所用起吊设备有检验合格证，并在有效期内
	3. 使用不合格的起重工具发生的设备伤害	3. 作业前对起重工具仔细检查，起重机械和起重工具的工作负荷不准超过规定
	4. 非专业起重人员操作而导致的起重伤害	4. 起吊工作应有专人负责，统一指挥与周边保持安全距离，设警示线
	5. 吊装、拆装时物料等坠落	5. 本条防范措施有： ①确保吊车、吊钩、吊绳等合格可用。 ②吊装物品严格按要求绑扎物料。 ③吊装过程严格控制速度，吊装区域应拉设围网，严禁通行
5. 触电（指电流流经人体，造成生理伤害的事故）	1. 误碰带电设备造成的触电伤害	1. 本条防范措施有： ①远离带电设备，不随意触碰带电设备防止发生触电伤害。 ②作业中与带电设备保持安全距离，正确使用电工工器具，防止触电。 ③在电气控制柜内工作做到勿动误碰，不要随意触动不明的电源开关或擅自摘取他人操作牌，进行送电启停
	2. 工作地点、任务不明确导致走错间隔触电	2. 作业前核对设备名称、编号并在工作地点设置遮拦和安全警示标识牌，防止工作地点、任务不明确导致走错间隔触电
	3. 安全措施未执行导致的触电	3. 开工前认真检查安全措施已执行，防止安全措施未执行导致的触电
	4. 工作班成员状态不好导致误碰带电设备触电	4. 开工后应始终在现场对工作班组成员认真监护，及时纠正不安全的行为，拒绝下达违反安全工作规程规定的指挥
	5. 作业中未佩戴劳动防护用品导致的误碰带电设备触电	5. 防止作业中未佩戴劳动防护用品导致的误碰带电设备触电，应穿绝缘鞋或站在干燥的绝缘物上，并戴绝缘手套和护目眼镜，穿全棉长袖工作服，设专人监护
	6. 工作前未放电导致的触电	6. 进入电除尘内部前，对阴极线进行验电，并接地，防止工作前未放电导致的触电
	7. 测量电源量工器具绝缘不良导致人身触电	7. 本条防范措施有： ①现场工作时检测电压、电流量使用绝缘合格的工器具，防止工器具不合格导致人身触电。 ②保持作业环境干燥，检查电源线、电动工器具完好，无漏电可能，漏电保护器完好

危险类型（G）	危险点（H）	防范措施（I）
5. 触电（指电流流经人体，造成生理伤害的事故）	8. 设备停电未进行验电易造成人身触电	8. 设备停电后先验电，确认无电后再进行工作
	9. 工器具使用不当导致的触电	9. 作业前检查电动工具、水泵绝缘合格，带电部分无破损
	10. 未持证上岗不了解电焊机性能导致发生触电	10. 工作人员必须取得特种作业操作资格证，作业时应随时携带
	11. 擅自接临时电源导致的触电	11. 检查电焊机的接拆线工作应有具备资质的电工进行操作，电焊机外壳应有良好的接地
	12. 作业时发生人员触电伤害	12. 作业前检查使用的临时电源线无破损，开关、漏电保护试验装置灵活
	13. 现场电气设备有人身触电的风险	13. 应确认电气设备无漏电现象，地面干燥，无乱拉、乱接电缆现象
	14. 电气设备清扫有人身触电的风险	14. 禁止水冲洗电气设备
	15. 人员误操作触电的风险	15. 操作时要执行操作票制度按照操作票进行逐项操作
	16. 走错间隔的误操作触电风险	16. 本条防范措施有： ①操作时要持票进行操作并核对操作设备名称、编号与操作票所列内容一致后方可按票进行操作。 ②确认设备双重编号，防止走错间隔误碰带电设备
	17. 电气五防闭锁失灵造成设备损坏人员受伤的风险	17. 操作过程中发现电气五防闭锁失灵时禁止越过和随意接触五防闭锁进行操作
	18. 与带电设备安全距离不足	18. 本条防范措施有： ①确认不同等级电压的安全距离后，才可作业。 ②确定工器具无触碰带电设备的可能
	19. 安全措施不到位	19. 停电、验电、装设接地线确认安全措施到位
	20. 未停运、停电进行检修工作（冒险作业）	20. 严格执行"两票三制"，杜绝冒险作业
6. 灼烫（指强酸强碱溅到身体引起的灼伤，或因火焰引起的烧伤、高温物体引起的烫伤、放射线引起的皮肤损伤等事故）	1. 接触高温管道时导致汽水烫伤	1. 本条防范措施有： ①日常巡视过程中远离高温高压管道防止发生烫伤、烧伤。 ②工作前检查检修管段的疏水门打开泄压，防止阀门不严有水或蒸汽在管道内；工作时穿好防护用品，防止汽水烫伤。 ③远离高温高压设备及管道，不在附近无故长时间逗留，防止烧伤烫伤
	2. 酸碱等化学品灼伤、中毒	2. 日常巡视过程中远离酸碱管道防止发生化学品灼伤、中毒
	3. 安全措施未全部执行导致烫伤	3. 作业前戴防烫手套，穿防烫工作服，戴好防护面具，工作时应站在灰渣门的一侧，斜着使用工具，防止高温未燃尽灰喷出导致烧伤、烫伤
	4. 高温未燃尽灰喷出导致烧伤、烫伤	4. 作业前戴防烫手套，穿防烫工作服，戴好防护面具，工作时应站在灰渣门的一侧，斜着使用工具，防止高温未燃尽灰喷出导致烧伤、烫伤
	5. 酸碱泄漏导致的灼烫	5. 工作时穿好防酸碱工作服、胶鞋，戴橡胶手套、防护眼镜等劳动防护用品，清楚现场工冲洗水、毛巾、药棉及急救时中和用的溶液位置，防止酸碱泄漏导致的灼烫
	6. 动火作业发生火情导致烧伤	6. 动火作业前清除可燃物，定期检测现场粉尘浓度，切割作业气瓶距离符合安规要求
	7. 高温区域作业时发生烫伤	7. 应正确使用劳动防护用品，更换焊条应戴焊工手套，清理焊渣应戴护目镜

续表

危险类型（G）	危险点（H）	防范措施（I）
6. 灼烫（指强酸强碱溅到身体引起的灼伤，或因火焰引起的烧伤、高温物体引起的烫伤、放射线引起的皮肤损伤等事故）	8. 看火除焦时人员烫伤的风险	8. 正确穿着专用的防烫工作服、工作鞋，戴防烫手套和头盔
	9. 打焦时人员烫伤的风险	9. 打焦时要与集控监盘人员联系好，调整好锅炉燃烧，当燃烧不稳定或有炉烟外喷时禁止打焦；打焦过程中，发现炉内变暗，应迅速闪开，并撤到安全区域，以防焦外喷伤人
	10. 干渣机挤渣时人员烫伤风险	10. 应与集控监盘人员沟通好，保证燃烧稳定运行，防止炉膛正压热灰外喷烫伤人员
	11. 检查干渣机渣井时人员烫伤风险	11. 应站在观察孔侧面，防止炉膛正压热灰外喷躲闪不及时烫伤人员
	12. 卸碱现场存在碱化学腐蚀品等危害	12. 本条防范措施有： ①确认现场无杂物，无关人员远离卸碱现场。 ②卸碱前应现场放置急救药品稀硼酸，喷溅至人员皮肤上时及时用大量清水冲洗，患处因急救药品进行涂抹，及时就医
	13. 卸碱现场存在大量泄漏风险	13. 如发生泄漏，应及时隔离泄漏区域，并使用沙土对泄漏区域进行覆盖处理，及时清理覆盖碱后沙土
	14. 卸碱有喷、溅至操作人员身体风险	14. 卸碱前应检查就地洗眼器、喷淋器是否正常，能否正常进行冲洗
	15. 卸酸现场存在酸化学腐蚀品等危害	15. 本条防范措施有： ①确认现场无杂物，无关人员远离卸酸现场。 ②卸酸前应现场放置急救药品稀碳酸氢钠，喷溅至人员皮肤上及时用大量清水冲洗，患处因急救药品进行涂抹，及时就医
	16. 加药现场存在化学腐蚀品等危害	16. 确认现场无杂物，无关人员远离加药现场，熟悉所加药品的物理、化学性质，熟知急救方法，有一定的自我防护技能
	17. 倒置液体药品存在药品溅出伤人的风险	17. 操作时要轻拿轻放动作规范严禁野蛮作业
	18. 现场存在高温高压蒸汽泄漏造成烫伤的风险	18. 巡检过程中应快速通过高温高压压力容器的水位计和蒸汽管道法兰处
	19. 高温、高压管道法兰、阀门、压力容器等泄漏	19. 本条防范措施有： ①避免长时间停留，通过声音观察确保无泄漏方可通过。 ②进行操作时应缓慢进行，佩戴防护用品侧身操作。 ③检修作业时确定隔离措施完善，压力为零，切勿带压检修作业
	20. 锅炉侧设备高温管道、热风管、防爆门等泄漏	20. 检修作业时确定安全措施到位可靠，无误动开启可能
	21. 高温灰渣、除焦口正压喷溅	21. 正确佩戴防护用品，确保机组负荷稳定、炉膛负压
	22. 高温高压疏水门、疏水取样蒸汽灼伤	22. 本条防范措施有： ①疏水口应有防护罩。 ②操作疏水阀门应缓慢避免喷溅。 ③正确佩戴防护用品
	23. 酸碱腐蚀性药品设备、管道阀门泄漏喷溅等	23. 本条防范措施有： ①避免长时间在此区域停留，设备、管道完好无泄漏。 ②酸碱操作应正确佩戴防护用品
7. 火灾（指造成人身伤亡的企业火灾事故）	1. 动火作业发生火灾、爆炸	1. 本条防范措施有： ①应办理动火工作票，作业前检查并清理工作现场易燃易爆物品，并做好防止发生火灾的安全措施，工作现场放置合格的灭火器，防止周围存放易燃易爆物品导致发生火灾、爆炸。

危险类型（G）	危险点（H）	防范措施（I）
7. 火灾（指造成人身伤亡的企业火灾事故）		②应正确使用切割设备；气瓶之间的距离不得小于 8m，各瓶与明火距离不得小于 10m，清除周围的积粉积煤、易燃物品等做好防火险措施。 ③动火前检查动火点周围易燃物，动火附近的下水井、地漏、地沟、电缆沟等处无易燃易爆杂物。 ④动火现场备有灭火工具（如蒸汽管、水管、灭火器、砂子、铁锹等）
	2. 使用非铜制工器具导致电火花	2. 氢站、氨区检修前检查使用铜制工具，以免产生火花发生火灾爆炸危险
	3. 焊接过程中火花掉落导致火灾	3. 本条防范措施有： ①进行焊接工作时应防止金属熔渣飞溅，铺设防火毯，工作现场放置合格的灭火器，设专人监护。 ②注意火星飞溅方向，在动火区域下方铺设防火毯或挂好接火盆用
	4. 管道动火作业引发火灾	4. 作业前确认已将动火设备、管道内的物料清洗、置换，经检测合格
	5. 制样设备内部积粉有自燃的风险	5. 应定期检查清扫设备内部积粉
	6. 各类油系统、油箱违规作业、动火，以及冷却设备、排烟设备原因导致的火灾	6. 本条防范措施有： ①禁止在未做任何安全隔离措施情况下在油系统、油箱上进行动火作业。 ②禁止在油系统、油箱上使用明火、吸烟等。 ③确保油冷却系统、排烟风机等设备运行正常
	7. 可燃气体设备、系统违规动火作业以及其他违章行为导致的火灾	7. 本条防范措施有： ①氢气、氨气系统上严禁动火，严格按照安规要求办理动火票。 ②严格遵守氢站、氨区出入管理规定。 ③严禁在氢气、氨气区域使用明火及吸烟
	8. 电气设备、电缆等操作不当导致火灾	8. 本条防范措施有： ①核对设备双重编号，避免走错间隔进行误操作。 ②坚决杜绝拉弧、触电等引起的火灾
	9. 其他原因导致的火灾	9. 本条防范措施有： ①氢站、氨区应使用防爆型电源及其他工器具。 ②生产现场严禁乱堆杂物，尤其是易燃易爆物品
8. 高处坠落（指出于危险重力势能差引起的伤害事故）	1. 高处作业导致高处坠落	1. 本条防范措施有： ①登高作业正确佩戴合格的安全带，高挂低用，脚手架按规定验收签字，防止高处坠落。 ②检查进入司机室的通道连锁保护装置安全可靠，未经允许，任何人不得登上起重机或起重机的轨道，防止操作行车时发生高处坠落。 ③高处作业前检查安全带良好备用，按照安规要求系挂。 ④清扫作业中注意孔洞，防止跌落。 ⑤检修 2m 及以上地点进行的作业，必须使用安全带，需搭设脚手架作业时要验收合格后方可使用。 ⑥巡检过程中要时刻注意栅板、孔洞的盖板和护栏是否结实牢固。 ⑦工作人员必须戴安全帽，上下脚手架时，双手应交替扶住脚手架，防止跌滑，在脚手架作业平台上工作，必须系好安全带，并高挂低用
	2. 高处作业架子失稳、使用不合格材料导致的人员高处坠落	2. 高处作业人员必须戴安全帽，系好安全带，并高挂低用；安全带使用前检查合格备用，悬挂安全带点要牢固；作业前验收脚手架稳定且有可靠支护
	3. 操作行车时发生高处坠落	3. 检查进入司机室的通道连锁保护装置安全可靠，未经允许，任何人不得登上起重机或起重机的轨道
	4. 斗轮机上行走时有滑倒坠落的风险	4. 行走时应观察慢行并扶好栏杆

危险类型（G）	危险点（H）	防范措施（I）
8. 高处坠落（指出于危险重力势能差引起的伤害事故）	5. 栈桥楼梯冲洗有滑跌的风险	5. 行走站立应扶好栏杆
	6. 现场上、下楼梯存在踏空造成高处坠落的风险	6. 本条防范措施有： ①上、下楼梯时抓好扶手。 ②检查碱罐体及阀门时，上下楼梯时抓好扶手
	7. 人为因素造成的高处坠落，如不系安全带，倚靠临边等	7. 本条防范措施有： ①高度超过 1.5m 必须佩戴安全带，且安全带高挂低用。 ②高处作业移动时，双钩严禁同时解开，必要时使用安全绳或自锁器。 ③严禁翻越、跨越、倚靠围栏等
	8. 安全工器具因素造成的坠落	8. 严禁使用不合格安全带、自锁器等工器具
	9. 安全设施不到位造成的高处坠落	9. 本条防范措施有： ①应按要求设置合格临边护栏，必要时设置安全围网。 ②高处作业区域沟、坑、孔、洞等应设盖板、围栏、安全网等
	10. 环境因素造成的坠落	10. 本条防范措施有： ①严禁雷雨、大风、大雾等恶劣天气进行登高作业。 ②高处作业必须有充足照明。 ③高温环境应注意休息、避暑
	11. 管理及其他因素造成的坠落	11. 本条防范措施有： ①必须进行安全教育、安全交底，持登高作业证方可作业，非工作人员严禁登高。 ②严禁精神病、高血压等不宜从事高处作业人员以及饮酒、精神不振人员登高作业。 ③安全带等工器具应按时进行检测试验。 ④悬空作业吊篮、锁具、吊笼等应经过技术鉴定后方可使用
9. 坍塌（指建筑物、构筑、堆铬物的等倒塌以及土石塌方引起的事故）	1. 脚手架垮塌导致高处坠落伤害	1. 本条防范措施有： ①搭建脚手架必须全面检查脚手架的扣件链接、连墙件、支撑体系是否符合要求。 ②脚手架搭建前硬化地面或用木方垫钢管。 ③脚手架使用前汇同使用人员一起检查架子是否合格并签字，悬挂验收牌
	2. 煤堆坡度大有跌落的风险	2. 出现陡坡及时消除
	3. 脚手架搭设不合格坍塌	3. 本条防范措施有： ①脚手架搭设应按照搭设方案进行，人员资质合格，验收合格。 ②脚手架管、卡扣、脚手板等使用应符合要求，不应使用腐蚀、变形、缺失材料，高温处不应使用木质脚手板。 ③脚手架周边应拉设围栏明显安全警示，以免外力作用导致坍塌或高处落物。 ④严禁在脚手架或脚手板上吊重物，或超重放置物品。 ⑤拆除脚手架严格按照拆除方案进行，应自上而下、逐层进行，严禁数层同时拆除，同时做好支撑等措施
	4. 建（构）筑物倒塌	4. 本条防范措施有： ①施工过程应按照要求进行，同时避免外力因素导致的坍塌。 ②进行沉降监测，避免沉降倾斜倒塌
	5. 土方、堆置物倒塌	5. 土方与坑边距离不得小于 0.8m，堆置物堆放不得超过 1.5m
	6. 设备、管道坍塌	6. 本条防范措施有： ①设备、管道支吊架完好牢固。 ②调整运行方式，避免振动大导致设备、管道坍塌

危险类型（G）	危险点（H）	防范措施（I）
10. 淹溺（指因大量水经口、鼻进入肺内，造成呼吸道阻塞，发生急性缺氧而窒息死亡的事故）	1. 基坑失稳导致淹溺	1. 作业前检查基坑支护情况，保证稳定，防止坍塌
11. 容器爆炸［容器（压力容器的简称）是指比较容易发生事故，且事故危害性较大的承受压力载荷的密闭装置］	1. 磨煤机爆燃风险	1. 暖磨时注意控制出口温度的温升率，防止温度上升过高导致磨煤机内煤粉爆燃
	2. 锅炉灭火后使用爆燃发点火导致的炉膛爆炸	2. 本条防范措施有： ①锅炉灭火严禁用爆燃法恢复燃烧。 ②严禁燃料大量流入炉膛，点火前进行炉膛吹扫
	3. 压力容器、管道等发生爆炸	3. 本条防范措施有： ①严格按照操作规程进行操作，严禁超压运行。 ②压力容器安全附件如安全阀等完好可用，定期进行试验
12. 其他爆炸（凡不属于上述爆炸的事故均列为其他爆炸事故）	1. 粉尘浓度超限导致火灾、爆炸危害	1. 本条防范措施有： ①工作场所应保持良好通风，定期检测可燃气体浓度在合格范围内，防止粉尘浓度超限导致火灾、爆炸危害。 ②应定期喷淋降尘
	2. 进入制氢站未交出火种，未进行登记	2. 日常巡视进入制氢站应交出火种，履行登记制度，禁止无关人员进入，不得携带打火机等火种、手机、摄像机等非防爆电子设备
	3. 易燃易爆环境中工具使用不当引发事故	3. 使用的灯具为防爆型低压及不发生火花的工具，不准穿戴化纤织物
	4. 发电机气体置换时发生爆炸的风险	4. 本条防范措施有： ①为防止发生爆炸事件，周围禁止进行任何动火作业，操作时使用铜制工器具，禁止使用铁制工器具。 ②采取中间气体置换法进行，发电机气体置换前要联系检修人员共同确认压缩空气至发电机供气管道堵板加装完好
	5. 发电机补氢操作工器具使用不当引发爆炸风险	5. 本条防范措施有： ①发电机气体置换时要使用铜制工器具，防止操作过程中产生火花与氢气接触引发爆炸。 ②进行发电机补氢时现场严禁动火作业
	6. 危险化学品爆炸	6. 妥善保管，轻拿轻放
13. 中毒和窒息（指人接触有毒物质，如误吃有毒食物或呼吸有毒气体引起的人体急性中毒事故，或在废弃的坑道、暗井、涵洞、地下管道等不通风的地方工作，因为氧气缺乏，有时会发生突然晕倒，甚至死亡的事故称为窒息）	1. 受限空间作业导致窒息	1. 检查受限空间作业时穿戴好防护用品防止窒息
	2. 作业空间氧气含量不足导致窒息	2. 本条防范措施有： ①作业前办理受限空间作业许可手续，提前进行通风，进入前检测氧气含量在19.5%~21.5%，有毒有害气体在合格范围内，防止作业空间氧气含量不足导致窒息。 ②进入作业前半小时，打开设备通风孔进行自然通风，必要时进行强制通风。 ③采用管道空气送风，通风前必须对管道内介质和风源进行分析确认，严禁通入氧气补氧
	3. 酸碱等化学品灼伤、中毒	3. 日常巡视过程中远离酸碱管道，防止发生化学品灼伤、中毒
	4. 有毒有害气体导致窒息	4. 作业前测试可燃气体、有毒有害气体浓度在合格范围内
	5. 湿度仪中毒风险	5. 发电机进行气体置换过程中要提前将氢气湿度仪退出运行
	6. 现场存在氨气泄漏造成人员中毒的风险	6. 进入SCR区域发现有异味或氨气检漏仪报警时要迅速撤离现场

续表

危险类型（G）	危险点（H）	防范措施（I）
13. 中毒和窒息（指人接触有毒物质，如误吃有毒食物或呼吸有毒气体引起的人体急性中毒事故，或在废弃的坑道、暗井、涵洞、地下管道等不通风的地方工作，因为氧气缺乏，有时会发生突然晕倒，甚至死亡的事故称为窒息）	7. 加药间设备、管道破损液氨、联氨等挥发性毒物泄漏	7. 本条防范措施有： ①经常检查设备、管道完好可以无泄漏现象。 ②加药间通风良好，喷淋可以，应急药品充足。 ③工作人员应正确使用防护用品，如防毒口罩、防护眼镜等
	8. 搬运联氨时发生泄漏	8. 本条防范措施有： ①正确使用防护用品，如防毒口罩、防护眼镜、手套、胶鞋等。 ②搬运过程应轻拿轻放，避免碰撞破损泄漏
	9. 化验人员误食危险化学品	9. 本条防范措施有： ①化验人员操作时应正确佩戴防护用具、手套等，操作完毕充分洗手。 ②化验室、储藏室通风良好，非工作人员不得入内。 ③实验过程中不得进食、喝水等
	10. 剧毒药品管理不到位	10. 本条防范措施有： ①剧毒品应实施"五双"管理。 ②剧毒品严禁与食品共同存放
	11. 生活水池未上锁发生群体性中毒	11. 生活水池应保持封闭上锁状态
	12. SO_2、NO_x 等设备管道泄漏或检修时安全隔离措施不到位导致气体中毒	12. 本条防范措施有： ①气体检测仪检查设备、管道正常无泄漏。 ②检修前必须将进行盲板隔离。 ③加强通风，正确佩戴防护用品
	13. 密闭空间作业前未进行通风，未进行气体测量	13. 本条防范措施有： ①密闭空间作业前必行进行通风，必要时进行强制通风。 ②工作人员进入密闭空间前必须进行可燃气体、有毒气体以及氧气含量的测量，含量合格方可进入。 ③无气体检测仪可用小动物代替
	14. 密闭空间检修作业发生触电、火灾事故	14. 本条防范措施有： ①进入密闭空间检修作业应使用不大于12V行灯。 ②动火作业应采用有效措施，并且通风良好。 ③检修作业至少2人进行，一人在外监护，用绳索系住工作人员，并时刻保持沟通，必要时戴好各类防护用品
14. 其他伤害（凡不属于上述伤害的事故均称为其他伤害，如扭伤、跌伤、冻伤、野兽咬伤、钉子扎伤）	1. 作业过程中违章指挥，监护职责履行不到位，导致失去监护，发生设备损坏、人身伤害	1. 本条防范措施有： ①开工后工作负责人应始终在现场对工作班组成员认真监护，及时纠正不安全的行为，拒绝下达违反安全工作规程规定的指挥。 ②严格按照作业规程安排工作，杜绝发生违章指挥
	2. 由于粉尘、噪声导致危害职业健康	2. 日常巡视过程戴防尘口罩、耳塞等劳动防护用品，防止由于粉尘、噪声导致危害职业健康
	3. 照明不足导致的人员碰伤	3. 本条防范措施有： ①作业前检查工作照明充足，进入容器内使用的行灯电压不得超过12V，防止内部照明不足导致的人员碰伤。 ②日常巡视中带好手电，注意孔、洞，防止误入检修作业点
	4. 酸碱泄漏环境污染事件	4. 对泄漏的酸碱液必须回收至废水处理系统，禁止直接外排，防止酸碱泄漏环境污染事件
	5. 液氨泄漏导致的冻伤危险	5. 正确佩戴防冻手套，防止液氨泄漏导致的冻伤危险
	6. 用不合格的工器具导致设备损坏	6. 对使用工器具定期进行检查、更换，防止员工使用不合格的工具导致设备损坏

危险类型（G）	危险点（H）	防范措施（I）
14. 其 他 伤 害（凡不属于上述伤害的事故均称为其他伤害，如扭伤、跌伤、冻伤、野兽咬伤、钉子扎伤）	7. 高温区域作业发生烫伤及长时间作业发生中暑	7. 日常巡视及日常工作中远离高温高压管道，防止发生烫伤、烧伤，在高温区域长时间作业，注意工作班成员轮换休息，及时补充水分，防止中暑
	8. 测点位置及接线位置不清楚，走错间隔，误动设备导致设备损坏	8. 工作前认真核对设备图纸，开工前认真核对设备名称及 KKS 码，防止误入带电间隔
	9. 无证作业发生人身伤害	9. 工作人员必须取得特种作业操作资格证，作业时应随时携带，防止未持证上岗不了解设备性能导致发生人身伤害
	10. 作业未隔离导致人员误入或误操作发生冻伤	10. 工作现场隔离警戒，禁止无关人员进入现场随意触碰设备
	11. 因人员不熟悉工作流程，发生设备损坏或人员伤害	11. 工作开工前，熟悉工作任务、工作流程、掌握安全措施和注意事项，作业前进行安全技术交底，并确认签字
	12. 打焦时存在人员摔伤和碰伤的风险	12. 打焦前要观察好位置选择好逃生路线，防止突然火焰外喷人员躲闪时的摔伤和碰伤
	13. 车辆停放不到位存在跑灰的风险	13. 确认拉灰车辆已准确停在搅拌机下料口，再进行放灰
	14. 污染环境的风险	14. 放灰过程中做好灰水比例的调节工作，防止因灰水比例不协调而冒干灰
	15. 粉尘伤害的风险	15. 本条防范措施有： ①加强日常管理降低粉尘浓度，经常检查作业环境粉尘浓度，确保符合要求。 ②正确佩戴防尘口罩。 ③作业环境注意通风，必要时使用微雾抑尘。 ④定期进行职业健康体检
	16. 噪声伤害的风险	16. 本条防范措施有： ①加强噪声治理，从源头控制降噪。 ②正确佩戴防噪耳塞。 ③定期进行职业健康体检
	17. 高温伤害的风险	17. 本条防范措施有： ①加强保温治理，高温环境处进行保温处理。 ②避免长时间在高温环境中作业，常喝水做好防暑降温措施。 ③心脏病、冠心病等人员严禁高温环境中作业。 ④定期进行职业健康体检
	18. 毒物伤害的风险	18. 本条防范措施有： ①严格执行公司有关化学毒物的管理规定。 ②正确佩戴劳动防护用品。 ③定期进行职业健康体检
	19. 因盲目施救而导致群死群伤的风险	19. 在工作时应做好监护及内外联系工作，发现有人受伤时了解清楚现场情况

第八章

"安全双述"数据库调用示例

第一节 "安全双述"调用方法：字母索引法

为了使读者可以更加方便快捷地使用"安全双述"，本书配合第七章"安全双述"数据库制订了一个简单便捷的方法——字母索引法，以方便工作人员在作业过程中进行"安全双述"内容的数据调取。

具体调取方法是在"'安全双述'数据库"中将A工种、B分类、C岗位、D岗位安全职责、E岗位危险点、F岗位危险点防范措施、G伤害类型、H危险点、I防范措施进行调取。第七章中分别列举了"岗位安全职责数据库""岗位危险点及防范措施数据库"及"危险点分类数据库"，发电企业各岗位人员均可通过这个数据库进行内容调取，调取后形成本岗位的"安全双述"。

第二节 发电企业人员"安全双述"数据调取

一、"岗位安全职责数据库"调取数据

"岗位安全职责数据库"分为工种（A）、分类（B）、岗位（C）、岗位安全职责（D），在调取数据的时候先确定工种。例如主厂房区域巡检，应在"工种（A）"列中选择"②运行专业"（简述为"A②"），在"分类（B）"列中选择"③运行班组巡检人员"，在"岗位（C）"列中选择"①集控巡检"。确定工种、分类、岗位后，将选择其对应或应履行的岗位职责，那么就在"岗位安全职责（D）"列中选择一个或者多个内容，即D①②③④⑤。这样汽机巡检岗位安全职责的内容就从数据库中调取完成，形成A②B③C①D①②③④⑤。

二、"岗位危险点及防范措施数据库"调取数据

以集控巡检为例，根据上一部分所选择的岗位（集控巡检）将所对应的危险点选出即可"E①②③④⑤⑥⑦⑧"，接下来再选择对应危险点的防范措施"F①②③④⑤⑥⑦⑧"。

三、"危险点分类数据库"数据调取

仍以集控巡检为例，先从"危险点分类数据库"中确定伤害类型为"G（6，8，1，5，3，14）"，接下来再选择对应伤害类型的危险点"H [（6.18），（6.1），（8.6），（1.1），（1.8），（5.1），（5.5），（3.2），（14.16）]"，最后根据所选择危险点进行防范措施的选择，即"I（6.18，6.1 ①，8.6 ①，1.1 ①，1.8，5.1 ①，5.5，3.2，14.16 ②）"。

将全部抽调内容套用"安全双述"行为标准形成的具体内容如下：

各位好，我是汽机巡检 ×××，下面是我的"安全双述"内容：

1. 我的岗位安全职责

①当班期间全面掌握管辖设备运行状况，做好事故预想工作。

②在值班员领导下，负责机组现场设备安全运行的监视、调整和事故处理工作，发生异常情况时，根据值班员命令要求进行事故处理，严格执行汇报制度，事后参加班组异常分析会。

③严格执行"两票三制"，当班期间认真进行巡回检查，对于发现的问题及时汇报处理，按照操作票和工作票的内容正确执行安全措施。

④正确使用安全工器具和劳动防护用品，做到"四不伤害"，杜绝"三违"现象发生。

⑤参加班组安全日活动及班前、班后会，参加安全培训，学习事故通报，吸取教训，落实防范措施，防止同类事故重复发生。

2. 我的岗位危险点及防范措施

岗位存在的危险点：

①误接口令、误操作，导致异常或事故的发生。

②现场管路复杂处，容易发生人员绊倒等危险。

③现场高温设备存在烫伤的危险。

④生产区域粉尘浓度大、噪声大造成人身危险。

⑤就地巡检、操作，容易发生高处坠落及高处落物危险。

⑥无票操作时易存在误操作或漏项操作造成损坏设备或人身危险事故。

⑦现场的转动设备存在机械伤害的危险。

⑧现场的电气设备存在触电的危险。

防范措施：

①接到操作命令时要与发令人核对操作命令。

②进入到环境复杂的工作现场时要观察好现场环境。

③现场巡检过程中应快速通过高温、高压水位计和蒸汽管道法兰锅炉的看火孔和人孔门处。

④进入粉尘浓度大的生产区域要佩戴好防尘口罩，进入噪声大的生产区域要佩戴好耳塞或耳罩。

⑤进入现场工作时要佩戴好安全帽，做好现场的危险辨识。

⑥在运行操作时要严格执行操作票，按照操作票逐项操作。

⑦进入现场与转动设备保持安全距离。

⑧进入现场工作时穿好绝缘鞋，并与带电设备保持安全距离，不误碰带电设备。

3. 我的"手指口述"内容

①现场存在高温高压蒸汽泄漏造成烫伤的风险，巡检过程中应快速通过高温高压压力容器的水位计和蒸汽管道法兰处。

②接触高温管道时导致汽水烫伤的风险，日常巡视过程中远离高温高压管道防止发生烫伤、烧伤。

③现场上下楼梯存在踏空造成高处坠落的风险，巡检上下楼梯时抓好扶手。

④高处坠物，工具、材料、零件高处坠落伤人的风险，现场巡视时戴好安全帽，不在无关检修区域逗留，防止发生高处落物受伤。

⑤现场存在转动机械零部件飞出造成物体打击的危险，巡检过程中应避免站立在转动设备的附近。

⑥进入现场有误碰带电设备造成的触电危险，巡检时应远离带电设备，不随意触碰带电设备，防止发生触电伤害。

⑦现场作业中未佩戴劳动防护用品导致误碰带电设备触电的风险，防止作业中未佩戴劳动防护用品导致的误碰带电设备触电，应穿绝缘鞋或站在干燥的绝缘物上，并戴绝缘手套和护目眼镜，穿全棉长袖工作服，设专人监护。

⑧现场存在转动机械造成人身的机械伤害，巡检时严禁接触机械设备的转动部分。

⑨现场存在噪声超标区域造成的噪声伤害，进入噪声超标区域要正确佩戴好防噪声耳塞。

第三节	外包单位人员"安全双述"数据调取

一、外包单位人员进行"安全双述"的意义

发电企业除运行、检修人员外，很大一部分人员为外包单位人员，主要来源于机组大小修，以及一些外包工程。这类外包工程工期短，作业环境差，作业面复杂，作业人员素质良莠不齐，是安全管理的重点也是盲点，往往这类人群的事故发生率远远超出本企业员工。因此，将"安全双述"的管理进行拓展，用于外包工程人员的管理，将会大大降低外包人员的事故发生率。

为了使读者了解"安全双述"如何在外包作业中开展，下面进行举例说明。

二、外包单位人员抽调"安全双述"示例

首先同样进行第一部分"岗位安全职责数据库"的抽取，也就是在调取数据的时候先确定工种。例如外包人员是进行水塔外壁清理，涉及高处作业，则将在"工种（A）"列中选择"①检修维护"，简述为"A①"；在"分类（B）"列中选择"③检修维护班组工作负责人"；在"岗位（C）"列中选择"⑨综合专业维护班工作负责人（另包括保温、架子、土建、保洁、起重维护、空调维护、电梯维护、专业焊接热切割工作负责人）"。确定工种、班组、岗位后将选择其对应或应履行的岗位职责，那么就在"岗位安全职责（D）"列中选择一个或者多个内容即抽取D①②③④⑤，这样高处作业岗位安全职责的内容就从数据库中调取完成，形成A①B③C⑨D①②③④⑤。

再来对第二部分内容进行数据库调取，这里注意因外包单位人员可能与本企业员工岗位设置有所不同，导致不能直接从"岗位危险点及防范措施数据库"内调取信息。因此要对其所从事的作业项目先进行一个简单的分析，分析高处作业人员将面临哪类伤害。高处作业最大的安全风险就是高处坠落，所以先从"危险点分类数据库"中确定伤害类型为"G（8）高处坠落"，接下来再选择对应伤害类型的危险点"H（2，7，10）"，其余与第一部分大同小异，可根据不同作业环境、不同作业点的高度等进行致因选择。

针对以上危险点，确定水塔外壁清理的高处作业应采取的安全防范措施。通过对危

险点"H（2，7，10）"对应的"防范措施（I）"中内容进行抽取，调取数据为 I（2，7①②③，10①②③）。

最后把上述内容按照"字母索引法"进行整理，即为"A①B③C⑨D①②③④⑤G8H（2，7，10）I（2，7①②③，10①②③）"，这就是水塔外壁清理高处作业人员的"安全双述"内容。套用"安全双述"行为标准形成的具体内容如下：

各位好，我是水塔外壁清理工×××，下面是我在水塔高处作业时的"双述"内容：

1．我的岗位安全职责

①参加每周一次班组安全日活动及班前、班后会，及时学习事故通报，吸取教训，落实防范措施，防止同类事故重复发生。

②带票作业前确认安全措施已全部执行，向班组成员交代工作中的危险点及注意事项，作业中监督班组成员安全作业。

③检修作业应做到无水、无灰、无油迹，拆下的零件摆放整齐，检修机具摆放整齐，材料备品摆放整齐。电线不乱拉，管路不乱放，杂物不乱扔。

④对本班组人员正确使用劳动防护用品进行监督检查，制止违章作业，发现重大事故隐患、缺陷及时汇报。

⑤检修作业完成后检查现场文明卫生情况、措施恢复情况、工器具收回情况等，按照"五不结束"原则检查确认工作完成。

2．我的岗位危险点及防范措施

岗位存在的危险点：

①高处作业架子失稳、使用不合格材料导致的人员高处坠落。

②人为因素造成的高处坠落，如不系安全带，倚靠临边等。

③环境因素造成的坠落。

防范措施：

①高处作业人员必须戴安全帽，系好安全带，并高挂低用；安全带使用前检查合格备用，悬挂安全带点要牢固；作业前验收脚手架稳定且有可靠支护。

②高度超过 1.5m 必须佩戴安全带，且安全带高挂低用；高处作业移动时，双钩严禁同时解开，必要时使用安全绳或自锁器；严禁翻越、跨越、倚靠围栏等。

③严禁雷雨、大风、大雾等恶劣天气进行登高作业；高处作业必须有充足照明；高温环境应注意休息、避暑。

3. 我的"手指口述"内容

①高处作业时架子失稳、使用不合格材料导致人员高处坠落的风险，作业人员必须戴安全帽，系好安全带，并高挂低用；安全带使用前检查合格备用，悬挂安全带点要牢固；作业前验收脚手架稳定且有可靠支护。

②人为因素造成的高处坠落的风险，高度超过1.5m必须佩戴安全带，且安全带高挂低用；高处作业移动时，双钩严禁同时解开，必要时使用安全绳或自锁器；严禁翻越、跨越、倚靠围栏等。

③环境因素造成的坠落的风险，严禁雷雨、大风、大雾等恶劣天气进行登高作业，高处作业必须有充足照明，高温环境应注意休息、避暑。

三、外包工程土建工"安全双述"示例

根据上述数据库调取方法，调取外包工程土建工"安全双述"内容如下：

1. 我的岗位安全职责

①参加每周一次班组安全日活动及班前、班后会，及时学习事故通报，吸取教训，落实防范措施，防止同类事故重复发生。

②带票作业前确认安全措施已全部执行，向班组成员交代工作中的危险点及注意事项，作业中监督班组成员安全作业。

③检修作业应做到无水、无灰、无油迹，拆下的零件摆放整齐，检修机具摆放整齐，材料备品摆放整齐。电线不乱拉，管路不乱放，杂物不乱扔。

④对本组人员正确使用劳动防护用品进行监督检查，制止违章作业，发现重大事故隐患、缺陷及时汇报。

⑤检修作业完成后检查现场文明卫生情况、措施恢复情况、工器具收回情况等，按照"五不结束"原则检查确认工作完成。

2. 我的岗位危险点及防范措施

岗位存在的危险点：

①基坑失稳导致淹溺。

②高处作业发生坠落或被高处落物砸伤。

③安全带系挂不规范导致高处坠落。

④工器具使用不当导致的触电。

防范措施：

①作业前检查基坑支护情况，保证稳定防止坍塌。

②作业人员必须戴安全帽，系好安全带，并高挂低用；安全带使用前检查合格备用，悬挂安全带点要牢固；高处作业使用的工具、材料、零件必须装入工具袋，上下时手中不得持物；不准空中抛接工具、材料及其他物品。

③高处作业前检查安全带良好备用，按照安规要求系挂。

④作业前检查电动工具、水泵绝缘合格，带电部分无破损。

3. 我的"手指口述"内容

①作业时基坑失稳导致淹溺的风险，作业前检查基坑支护情况，保证稳定防止坍塌。

②高处作业发生坠落或被高处落物砸伤的风险，作业人员必须戴安全帽、系好安全带，并高挂低用；安全带使用前检查合格备用，悬挂安全带点要牢固；高处作业使用的工具、材料、零件必须装入工具袋，上下时手中不得持物；不准空中抛接工具、材料及其他物品。

③安全带系挂不规范导致高处坠落的风险，高处作业前检查安全带良好备用，按照安规要求系挂。

④工器具使用不当导致触电的风险，作业前检查电动工具、水泵绝缘合格，带电部分无破损。